Pythonの
「マイクロ・フレームワーク」
「Flask」入門

フラスク

はじめに

　「Python」は、本書執筆時の2022年秋でもまだまだ大人気言語であり、「pip」という「パッケージ管理コマンド」で、いろいろな機能をもつライブラリを、インストールできます。

　今ではプログラミングを「Python」から始める人も多いでしょうし、「数値計算」や「AI関係」でPythonを使っていた人が、「フロントエンド」として「Webアプリ」を自分で作る必要に迫られることもあるでしょう。

＊

　本書では、そのような「アプリ」を作るためのフレームワークとして「Flask」を紹介します。「Flask」の基本的な使い方を解説しながら、動的なWebアプリを実際に作っていきます。

　「Python本体」と「Flaskライブラリ」、コードエディタ「Visual Studio Code」のインストールから始めて、「HelloWorld」と表示するWebページから徐々にコードを追加し、「複数のページで構成されるWebサイト」「内蔵するデータベースファイルにフォームなどでデータを読み書きするWebアプリ」までを作っていきます。

＊

　動作するために必要なコードは、本書中にすべて掲載してあります。

　また、仕組みを理解するために、随所でコードのどの記述でどんなデータを処理しているのか、「Python」の関数と「テンプレートのHTML」との間のデータの受け渡し、「Webアプリ」上のページの遷移などを図示します。

　本書では学習するみなさんが「このコードを書けばどんなものができるのか」をなるべく早く確認できるように、Webアプリケーションに本当は必要なセキュリティやパフォーマンスなど運用上の問題については考えていません。

　「PythonでWebアプリ」の第一歩としてご利用ください。

　動作環境は、「「Windows11」「Python3.10」「Flask2.2」です。

　「Flask2.1」以前での動作が必要な方は、本書最終章のあとの「付録」をご覧ください。

清水　美樹

Pythonの「マイクロ・フレームワーク」「Flask」入門

CONTENTS

「サンプル・プログラム」のダウンロード

本書の「サンプル・プログラム」は、工学社サイトのサポートコーナーからダウンロードできます。

＜工学社ホームページ＞

https://www.kohgakusha.co.jp/suppor_u.html

ダウンロードしたファイルを解凍するには、下記のパスワードを入力してください。

jG2PtQM8

すべて「半角」で、「大文字」「小文字」を間違えないように入力してください。

第1章

「Flask」の始め方

> 「Python」のWebフレームワーク「Flask」。
> 本章では、「Flask」がどんなものなのか、どこがいいのかを解説し、Windows上で最初の「Webアプリケーション」を作るまでの方法をたどります。

1-1　「Flask」とは

「Python」と言えば、最近はAIなどの科学技術計算で知られていますが、「Webフレームワーク」もあって、けっこう使われています。

その中でも、「Flask」は機能と簡単さのバランスがとれたフレームワークと言えましょう。

■「Webフレームワーク」とは

●規則通りに書くと簡単に書けるプログラミング

「Webフレームワーク」とは、より詳しくは「Webアプリケーション・フレームワーク」です。

「フレームワーク」とは、与えられた規則通りに書くと簡単に書けるプログラミングの手法、およびそれを実現するためのソフトウェアです。

＊

「Python」の「Webフレームワーク」とは、簡単なPythonコードで「Webアプリケーション」を実現できるソフトウェアです。

たとえば、本書で学ぶ「Flask」では、以下のような書き方で、Webブラウザに「Hello World！」と表示させることができます。

本書で学ぶ「Flask」のもっとも簡単な書き方

```
from flask import Flask

app = Flask(__name__)

@app.route("/")
def say_hello():
    return "Hello, World!</br>"
```

●「内部サーバ」がついていることが多い

　「Webフレームワーク」の中には多くの場合、「内部サーバ」がついていて、開発や学習の段階から「Apache」などの「Webサーバ・ソフトウェア」を別に用意する必要はありません。
　「ターミナル」(「コマンドプロンプト」や「PowerShell」)から、コマンドで「Webサーバ」を起動します。

　たとえば、「hello.py」というファイルに書かれた「Webフレームワーク」のプログラムを起動するには、以下のようなコマンドを打ちます(環境設定によって少し異なります)。

「Flask」で「Webフレームワーク」を起動するコマンド例

```
flask --app hello run
```

■「Python」の標準フレームワーク「WSGI」

●「Python」で共通の「フレームワーク」

　「フレームワーク」は、規則さえ守れば簡単に書ける一方、「フレームワーク」によって規則が異なると、「フレームワーク」を変えるたびに規則を学び直さないといけないところに難があります。

　しかし、「Python」では「Webフレームワーク」の共通の規則を策定しています。
　この仕様を、「WSGI (Web Server Gateway Interface)」と呼びます。

　たとえば、同じWSGI準拠のフレームワーク「Bottle」(https://bottlepy.org/) を使ってWebページで「Hello World！」を表示させるには、以下のように記述します。

同じくWSGI準拠の「Bottle」で書く「Hello World！」

```
from bottle import route, run

@route('/hello')
def hello():
    return "Hello World!"

run(host='localhost', port=8080, debug=True)
```

そっくりですね。

「Flask」を学んでおけば、「Bottle」もかなり容易に使うことができるでしょう。

＊

開発者の間では、「WSGI」は「**ウィスキー**」または「**ウィズギ**」と読まれているそうです。

そのため「Bottle」とか「Flask」※とかいうフレームワーク名がついているのではないかと想像できます。

> ※「フラスコ」に相当。
> 日本ではもっぱら実験器具を指すが、英語では「**酒筒**」の意味もある。

特に「ウィズギ」というのはウェールズ地方の伝統的な蒸留酒のようで、「Flask」のロゴが古代ローマ的なのも、それが理由かもしれません（開発元からは明言されていませんが）。

図1-1　想像力をかきたてる「Flask」のロゴ
「Web開発が一滴でできる」というようなことが書いてある。
(https://flask.palletsprojects.com/)

■「Flask」の位置づけ

●本格的フレームワークと言えば

「本格的Webフレームワーク」と言えば、「Java」や「.NET Framework」などが長い歴史と、データベースを扱う大規模ITビジネスでのシェアを誇ります。

一方、ホームページやブログなど情報発信系では、「PHP」や「Ruby on Rails」などの「軽量フレームワーク」が定着しています。

●あえて「Python」を使う理由

そんな中で、あえて「Python」を「Webフレームワーク」に用いる意味は、科学技術計算や機械学習など「Python」の得意分野の処理へのフロントエンドを、"**使用言語の隔てなしに手早く用意できる**"という強みが大きいでしょう。

データの追加や選択、計算パラメータの設定、結果の迅速な表示などです。

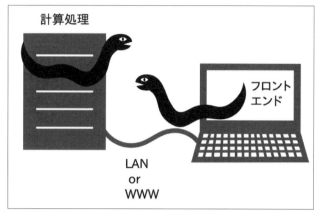

図1-2 「Python」による処理のフロントエンドも「Python」で

●本格的な「Python」の「Webフレームワーク」もある

もっとも、「本格的なPythonのWebフレームワーク」もあります。

たとえば「Django」(https://www.djangoproject.com/) です。
本格的なだけあってなかなか難しいですが、これも「WSGI」に準拠していますから、
「Flask」でベースを学んでおけばステップアップするのは早いでしょう。

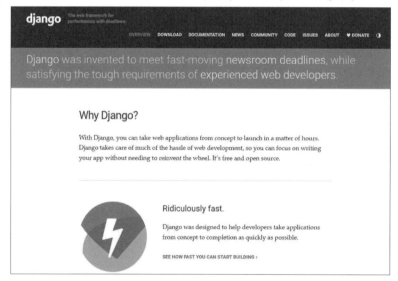

図1-3 「Django」の公式サイトの概要説明ページ(https://www.djangoproject.com/start/overview/)

1-2 「Flask」のセットアップ

「Python」と、そのライブラリである「Flask」をWindowsにインストールします。

*

それほど特別な作業ではないので、Windows OSやブラウザ、各インストーラの細かい手順は省略して、ポイントだけ説明します。

■「Python」のインストール

●「Python」のダウンロード

「Python」のダウンロードは、以下のURLから行ないます。

Python公式サイトのURL
https://www.python.org/

OSがWindowsであることが検知されると、**図1-4**のようにボタンが出てきます。
または、すべてのOSのリストから、Windows用のインストーラを選べます。

図1-4　Python公式サイトからダウンロード
(上)自動検知によって出現するボタン、(下)すべてのOSからの選択

　図1-5のようなアイコンのインストーラがダウンロードできるので、ダブルクリックして起動します。

python-3.10.8-amd64.exe
種類: アプリケーション

図1-5 「Python」のインストーラのアイコン
（バージョンは本書執筆当時のもの）

●「Python」のインストール

　「Python」のインストールでは、「Python」本体の実行フォルダを環境変数「PATH」に登録することは推奨されていません。
　いろいろな「依存ライブラリ」がバージョンの競合を起こす恐れがあるからです。

　しかし、環境設定にあまり労力を費やしたくないので、今回はあえてインストーラに自動登録してもらいましょう。

図1-6 「Python」の実行ファイルを環境変数「PATH」に登録する

　インストール終了後の設定は特にせず、「close」を押してかまいません。

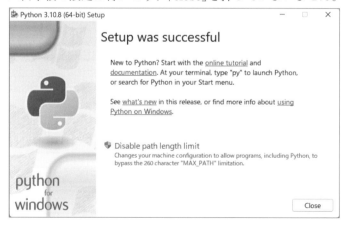

図1-7 このまま終了してよい

■「Visual Studio Code」のインストール

●本書で用いる「コードエディタ」として

「Pythonコード」の編集には、読者のみなさんの好みのエディタを使えますが、本書では無料で使える「Visual Studio Code」（以下、「VSCode」と略称）を用います。

すでにこのエディタに馴染んでいる方は、先に進んでください。

●「VSCode」のダウンロード

「VSCode」は以下のURLからダウンロードします。

VSCode公式サイトのURL
https://code.visualstudio.com/

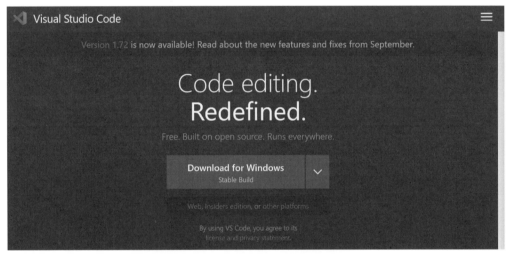

図1-8 「VSCode」の公式サイトとダウンロードボタン

図1-9 「VSCode」のインストーラのアイコン
（バージョンは本書執筆当時のもの）

●「VSCode」のインストール

図1-9のアイコンをダブルクリックして、「インストール・ウィザード」を起動します。
特に設定変更が必要な項目はないので、指示通りに進めます。

図1-10　初期設定のまま「インストール・ウィザード」を進めればいい

●配色テーマ

「VSCode」の配色テーマの初期設定は「暗色系」です。

これを「明色系」に変更するには、**図1-11**のメニューからテーマ一覧を表示させて選
択します。

本書では「明色系」で表示します。

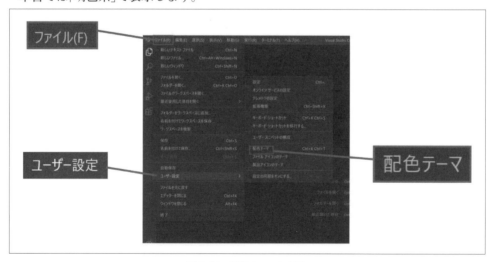

図1-11　配色テーマを変更

■「VSCode」で「作業用フォルダ」を開く

●本書用のフォルダを作成

本書でコードを書く作業をするためのフォルダを作りましょう。

＊

もとになるフォルダだけ作れば、そこからのフォルダやファイルの作成は「VSCode」上で操作できます。

本書では「Documentフォルダ」に「flask」というフォルダを作成します。

●「VSCode」でフォルダを開く

最初に「VSCode」を開いたときは、**図1-12**のように、左側の「エクスプローラ」に「フォルダを開く」ボタンが表示されます。

メニューで［ファイル］-［フォルダを開く］を選ぶこともできます。

図1-12 「VSCode」で最初にフォルダを開く

＊

作った「flaskフォルダ」を開きます。

図1-12のようなウィンドウが表示され、「このフォルダの作成者を信用する」という確認を求められます。

これは、チームで共有フォルダを利用するときのための安全措置です。
左側の「信用する」ボタンをクリックすれば、この後は自由に操作できます。

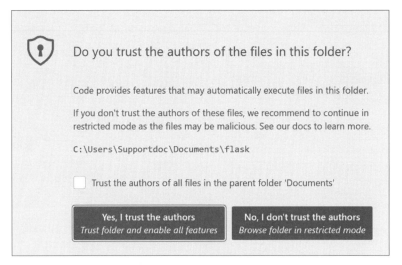

図1-13 左側の「このフォルダの作成者を信用する」をクリック

●「VSCode」のエクスプローラを操作する

「VSCode」の「エクスプローラ」で、「Flaskフォルダ」の下にフォルダやファイルを作れます。

図1-14のように、「hello」というフォルダを作ってみましょう。

図1-14 エクスプローラでフォルダ作成

■「VSCode」で「ターミナル」を操作する

●「ターミナル」を開く

「ターミナル」とは、もともとは大型計算機の「端末」のことです。

PCでは、「コマンドでシステムを操作できるソフトウェア」を指します。

Windowsでは、「Windows Power Shell」か「コマンドプロンプト」が相当します。

＊

「VSCode」からターミナルを開いて、「Python」のコマンドやスクリプトを実行できます。

図1-15は、もとになるフォルダである「flask」からターミナルを開くメニューです。

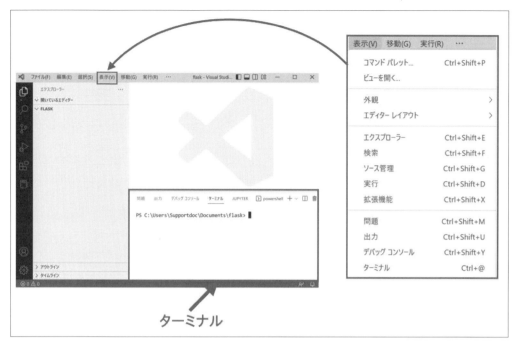

図1-15 「VSCode」から「ターミナル」を開く

■「Flask」をインストール

●「pip」でインストールする

「Flask」は、「Python」のパッケージ管理コマンド「**pip**」を用いてインストールできます。

●「VSCode」のターミナルからできる

図1-15で開いたターミナル上で、「pipコマンド」を**リスト1-1**のように打ちます。

リスト1-1 「Flask」をインストールする「pipコマンド」

```
pip install flask
```

図1-16のように、「依存パッケージ」のインストールなど、しばらく応答が続いて、再び入力できる状態になったらインストール完了です。

```
PS C:\Users\Supportdoc\Documents\flask> pip install flask
Collecting flask
  Downloading Flask-2.2.2-py3-none-any.whl (101 kB)
                                    101.5/101.5 kB 5.7 MB/s eta 0:00:00
Collecting itsdangerous>=2.0
  Downloading itsdangerous-2.1.2-py3-none-any.whl (15 kB)
Collecting click>=8.0
  Downloading click-8.1.3-py3-none-any.whl (96 kB)
                                    96.6/96.6 kB 5.8 MB/s eta 0:00:00
Collecting Jinja2>=3.0
```

図1-16 「VSCode」のターミナル上でのコマンドと応答(の一部)の様子

*

お疲れさまでした。

これで、「Flask」のアプリケーション作成と実行の準備ができました。

1-3 はじめての「Flaskアプリ」

動作確認のために、もっとも簡単な「Flask」のアプリを作ってみましょう。

■「Hello, World!」と出力させる

●フォルダ「hello」とファイル「hello.py」

図1-14のように、「VSCode」のエクスプローラを用いてフォルダ「hello」を作りました。

フォルダ「hello」の下に、さらに「hello.py」を作ります。
拡張子だけで、図1-17のようにファイルアイコンが与えられます。

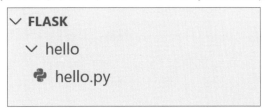

∨ **FLASK**

  ∨ hello

    🐍 hello.py

図1-17 「VSCode」のエクスプローラで見る「helloフォルダ」と「hello.pyファイル」

これで、エディタには自動的に空白の「hello.pyファイル」が表示されているでしょう(もし表示されていなかったら、図1-17のアイコンをクリックします)。

リスト1-2のように編集します。
図1-18のようにいろいろと補完されるので、積極的に利用してコーディングの労を省いてください。

リスト1-2 hello.py

```python
from flask import Flask

app= Flask(__name__)

@app.route("/")
def say_hello():
    return "Hello, World!<br>"
```

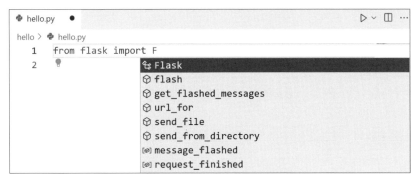

図1-18 「VSCode」のコード補完機能

●ファイルの保存に注意

「VSCode」ではファイルを自動保存しません。

まだ、明示的なファイル保存のアイコンもないので、ファイルはメニューの[ファイル]-「保存」や、キーバインドの[Ctrl]+[S]で保存してから実行してください。

●「ターミナル」からファイルを実行

「ターミナル」は今、「flaskフォルダ」から開いた状態になっています。

「hello.py」のある「helloフォルダ」にターミナル上で移動してから、「flaskコマンド」でファイルを実行します。

リスト1-3の通りです。

リスト1-3 「VSCode」のターミナルで「flaskコマンド」

```
cd hello
flask --app hello run
```

応答には図1-19のように、

これは開発用サーバです。実稼働用モードで実行しないでください

という警告が出ますが、無視してかまいません。

```
PS C:\Users\Supportdoc\Documents\flask> cd hello
PS C:\Users\Supportdoc\Documents\flask\hello> flask --app hello run
 * Serving Flask app 'hello'
 * Debug mode: off
WARNING: This is a development server. Do not use it in a production deployment. U
se a production WSGI server instead.
 * Running on http://127.0.0.1:5000
Press CTRL+C to quit
```

図1-19 「VSCode」のターミナルで「flask」を実行
実稼働時の警告なので、無視してかまわない。

*

「Flask」は明示的に「実稼働用モード」にしなければ、「開発モード」で実行されます。本書では、「開発モード」でこのまま操作を続けます。

●ブラウザで動作確認

図1-19に示すように、「Flask」の開発サーバのポートは「5000」です。

「VSCode」では、ターミナル上に表示されたURL上で[Ctrl]+[クリック]すると、ブラウザが自動で起動して、このURLを開いてくれます。

または、URLの上にマウスオーバーすると出るオプションをクリックします。

```
WARNING: This
se a productio
  リンクにアクセス (Ctrl + クリック)
 * Running on http://127.0.0.1:5000
```

図1-20 「VSCode」のターミナルで出たURLから自動でブラウザを開く

```
←  →  C    ⓘ 127.0.0.1:5000

Hello, World!
```

図1-21 ブラウザの左上隅に表示される

*

おめでとうございます。動作確認ができました。

●サーバを停止

動作確認を終了するには、ブラウザを閉じ、それからサーバを停止します。
方法は簡単で、動作中のターミナルで[Ctrl]+[C]を押します。

図1-22のように、サーバが終了すると再び入力可能になります。

```
Press CTRL+C to quit
127.0.0.1 - - [14/Oct/2022 15:20:47] "GET / HTTP/1.1" 200 -
127.0.0.1 - - [14/Oct/2022 15:20:48] "GET /favicon.ico HTTP/1.1" 404 -
PS C:\Users\Supportdoc\Documents\flask\hello> ▮
```

図1-22 「VSCode」のターミナルでサーバを終了させたところ

*

次章では、この短いアプリケーションの意味を説明したあと、表示専用のページを一
通り書けるようにしてみましょう。

第2章

Webページを操作する

本章と次章で、「Flask」を使って「表示専用」のWebページを作ります。

本章では、1つのアプリケーションで、複数のページを表示できるようにします。

「1つのページを1つの関数で表わす方法」と、「同じ関数の引数によって異なる内容を表示する方法」を用います。

2-1 「Flask」の基本的な書式

第1章の終わりで「Hello, World!」と表示できましたが、これはどんな仕組みなのか、ソースコードを研究してみましょう。

■「hello.py」の構造

●インポートするライブラリ

第1章のリスト1-2の「hello.py」の内容をここに再掲します。

「hello.py」（リスト1-2を再掲）

```
from flask import Flask

app = Flask(__name__)

@app.route("/")
def say_hello():
    return "Hello, World!<br>"
```

まず、すぐ気がつくのは、ライブラリ「flask」から、クラス「Flask」がインポートされていることです。

リスト2-1の部分です。

リスト2-1 インポートするライブラリ

```
from flask import Flask
```

●表示するものの名前は「app」

「hello.py」では、変数が1つ定義されています。

その名は「app」。

「Flaskクラス」のインスタンスですが、引数に「__name__」が与えられています。

リスト2-2の通りです。

（「オブジェクト」とは、クラスから作ったデータを広く呼ぶ呼び方で、「インスタンス」とは、特定のプログラムで使用するオブジェクトを特定する呼び方です。）

リスト2-2 「Flaskクラス」から作成される変数app

```
app = Flask(__name__)
```

「__name__」は、Pythonにおける特殊な変数です。

「hello.py」には、Webページを「どうやって」表示させるかは書いてありません。

実行プログラムを含む「flaskモジュール」にお任せです。

「hello.py」には「何を」表示させるかを書くのですが、すべてを、この変数「app」に託して、「Flask」に渡します。

図2-1のような考え方です。

「flaskモジュール」はこの先「表示するものはapp」と認識して、内容をたどっていきます。

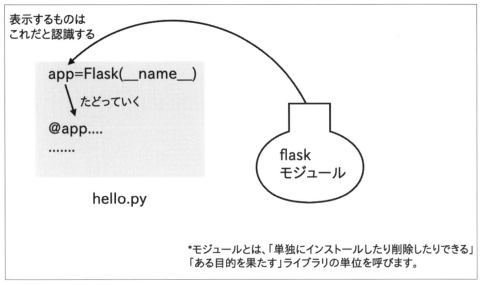

図2-1 flaskモジュール

■「@」が目印の「デコレータ」

●URLと関数を結びつける「route」

変数「app」の定義の次に、**リスト2-3**のように、関数「say_hello」が定義されています。

リスト2-3　関数「say_hello」

```
@app.route("/")
def say_hello():
    ....
```

「@」は、「route」が「デコレータ」と呼ばれるメソッドの一種であることを示します。

「デコレータ」は、Python一般の仕様です。

「デコレータ」にはPythonの仕様で決まっているものも、フレームワークなどで柔軟に定義できるものもあります。

＊

「Flaskオブジェクト」に備えられているデコレータの「route」は、関数を呼び出すタイミングの定義です。

＊

ここでは我々が関数の名前を勝手に「say_hello」と決めましたが、デコレータ「route("/")」で、「この関数が呼ばれるのは、ブラウザでドキュメント・ルート"/"が呼ばれたときに限る」という指定ができます。

●「何を返すか」も決まっている

デコレータ「route」で呼ばれる関数の「名前」は勝手に決めましたが、その内容は「flaskモジュール」の中で決められています。

＊

特に重要なのは、「戻り値が何か」です。

「戻り値」である文字列「"Hello, World!
"」が、ブラウザでドキュメント・ルート"/"によって表示される、ページの内容に相当します。

以上、**図2-2**の通りです。

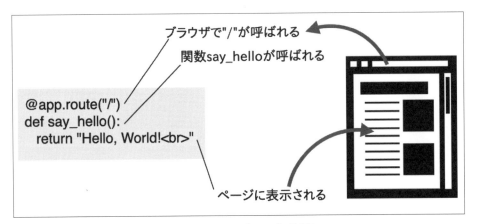

図2-2 デコレータ「route」の仕組み

＊

　以上、最初のFlaskアプリケーションのコードを説明できました。

＊

　これをもとに、新しくアプリケーションを作り、さらにコードの理解を深めていきましょう。

2-2　「Flask」の「名前の規則」はかなり自由

新しい「Webアプリケーション」の「フォルダ」と「ファイル」を作り、これまでに学んだ書き方で、もう一度「コード」を書きましょう。

＊

ここで、「フォルダ名」「ファイル名」「変数名」「関数名」は、ほとんど自由に決められることを確認したいと思います。

規則はただ1つだけ、「デコレータ」周りです。

■「mypageフォルダ」と「pages.py」

●「フォルダ名」と「ファイル名」は違ってもいい

本書では、「サンプル・コード」の保存場所として「flaskフォルダ」を作り、**第1章**では、そこに「helloフォルダ」を、さらにその中に「hello.pyフォルダ」を作りました。

＊

今回は、「flaskフォルダ」の中に「mypageフォルダ」を作り、その中に「pages.pyファイル」を作ります。

このように、「Flaskプロジェクト」の「フォルダ名」と「ファイル名」は異なってもいいことを、実行することで確かめていきます。

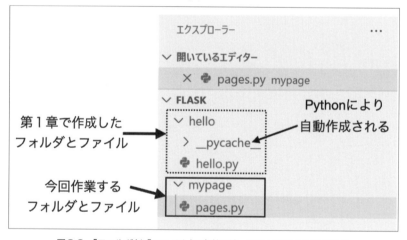

図2-3　「フォルダ」と「ファイル」の名前は違ってもいいことを確かめる

■「pages.py」の編集

●「Flaskオブジェクト」の名前は自由

「pages.py」を編集しましょう。

リスト2-4のように書きます。

リスト2-4　「pages.py」の最初の記述

```
from flask import Flask

flsk = Flask(__name__)

@flsk.route("/")
#これから書いていく
```

「hello.py」では「Flaskオブジェクト」の変数名を「app」にしました。

いかにも「アプリケーション」を表わす変数名ですが、必ずしも「app」である必要はありません。
リスト2-4では「flsk」にしました。

●デコレータは「Flaskオブジェクト」の名前で呼び出す

ただし、デコレータの呼び出し元は「@flsk」で、「Flaskオブジェクト名」と同じにします。

この関連は必要です。

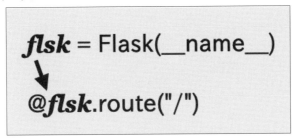

図2-4　この「変数名」の関連を保てば、「名前」自体は何でもいい

●関数の名前も自由

リスト2-4に続けて、リスト2-5を書きます。

リスト2-5　URL「/」が呼ばれたときの関数

```
@flsk.route("/")  #ここまでリスト2-4
def index():
    ct = "<h1>目次</h1>"
    return ct
```

リスト2-5の関数「index」は、ブラウザでURL「/」が呼ばれたときに呼ばれます。
「関数名」は、「フォルダ名」(mypage)とも「ファイル名」(pages.py)とも関係ありません。

このように、関数名も自由です。

●文字列を代入した変数を「戻り値」にできる

関数「index」では、変数「ct」に表示するHTML文を代入して、この変数を戻すようにしています。

この後、「ct」に文字列を付け足していけるようにするためです。

＊

以上、ここまでの「pages.py」の全文を示します。

確認の上、ファイルを保存してください。

pages.py全文

```python
from flask import Flask

flsk = Flask(__name__)

@flsk.route("/")
def index():
    ct = "<h1>目次</h1>"
    return ct
```

■「pages.py」の実行

●「mypageフォルダ」に移動

「pages.py」を実行するには、ターミナルで「mypageフォルダ」に移動します。

第1章の時点で「helloフォルダ」に移動していた場合には、**リスト2-6**のようにコマンドを打ちます。

リスト2-6　第1章で「helloフォルダ」にいた状態から
「mypageフォルダ」に移動する

```
cd ../mypage
```

●実行オプション「--app」はファイル名「pages」

　flaskコマンドの実行において、オプション「--app」で指定するのはファイル名「pages」です。

　これは**リスト2-7**の通りです。

リスト2-7　flaskコマンドのオプション「--app」には
ファイル名「pages」を指定

```
flask --app pages run
```

　ブラウザのURLは、「http://127.0.0.1:5000/」です。

　図1-19のように、VSCodeのターミナル上で表示されたURLの部分を[Ctrl]+[クリック]すれば、自動で開きます。

　図2-5のように表示されれば、成功です。

図2-5　「pages.py」の実行でブラウザに表示される内容

●変更するたびに、サーバを再起動する

　本書では、サーバを特に指定せず、「Python」に備わっている「内部サーバ」を、そのまま使っています。

　この「内部サーバ」は、ファイルの内容の変更を自動更新しませんから、変更のたびにサーバを再起動してください。

> ※ターミナル上で[Ctrl]+[C]を押して終了します。
> 　また、ターミナルではカーソルの「上方向キー」で前回入力したコマンドが自動入力されるので、手間を省いてください。

2-3　もう１つのページとリンク

　フォルダ「mypage」で作っている「Webアプリケーション」に、もう１つページを作成
しましょう。

＊

　「pages.py」に複数のページを記述できますが、１つのページに、１つの関数を対応さ
せる必要があります。

■新しい関数「chap1」

●「第一章」の内容を表示するページ

　今作成中の「Webアプリケーション」は、ある文書を閲覧するものにしたいと思います。

　図2-5で表示したのは、その文書の「目次」に相当するページでした。

＊

　次は、この文書の「第一章」に相当するページを作成したいと思います。

　イメージとしては、図2-6のような感じです（あくまでもイメージです）。

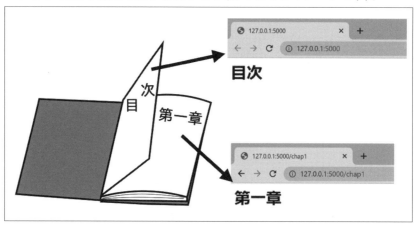

図2-6　こんなイメージの「Webアプリケーション」

●URL「/chap1」で呼ばれる関数「chap1」

ページを追加するには、「pages.py」上に関数を追加していきます。

前節で、動作のためには「関数名」や「変数名」に特に関連づけは必要ないことが分かったので、逆に同じになっても問題はないわけです。

そこで、URLが「/chap1」のときに呼ばれる関数「chap1」を作ります。

リスト2-8の通りです。

リスト2-8　「pages.py」に追加する関数「chap1」

```
@flsk.route("/chap1")
def chap1():
    ct = "<h1>第一章</h1>"
    return ct
```

リスト2-8では、関数「chap1」に付記するデコレータ「route」の引数を「"/chap1"」にしています。

＊

さて、このページを読み出すにはどうしたらいいでしょうか。

ブラウザに、直接、以下のアドレスを記入して、呼び出すこともできます。

http://127.0.0.1:5000/chap1

しかし、「目次」のページを作ったわけですから、「目次」からのリンクで移動したいのです。

次項でそれを実現しましょう。

■リンクを作成

●要するに<a>要素を書けばいい

「リンクを作成」と言っても、それほど難しいことはしません。

関数「index」で「戻り値」とする変数「ctx」に、<a>要素のHTML文を文字列として追加すればいいのです。

リスト2-9で「これを挿入」とコメントしてある部分を、これまでのコードに挿入してください。

リスト2-9　関数「index」を編集

```
@flsk.route("/")
def index():
    ct = "<h1>目次</h1>"
    ct += "<a href='/chap1'>第一章</a>" #これを挿入
    return ct
```

　こうすることで、「目次」のページに「第一章」のページへのリンクを表示させ、クリックで移動できるようになりました。

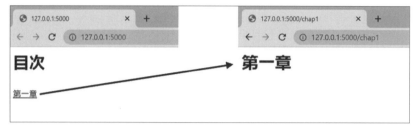

図2-7　「目次」ページの面目躍如

2-4　URLの一部に値を渡す

「第一章第二節」のページを表示させるのにURLを「chap1/2」にするという対応をさせ、この「2」を関数の引数とすることで、複数のページを関数1つで表示できます。

■関数「chap1」を編集

●ループでリンクを作成

関数「chap1」を編集し、最初に**リスト2-10**のように、「第一章」の下に置く各セクションに相当する文字列のリストを置きます。

「文字列」は、「漢数字」と「フラスコの種類の名前」からなっています。

リスト2-10　文字列のリスト「titles」

```
titles = ['一、丸底', '二、平底', '三、三角', '四、メス']
```

「titles」中の文字列を利用して、変数「ct」に以下のように<a>要素の文字列を足していきます。

リスト2-11　「titles」中の文字列を利用した<a>要素を連続追加

```
for i,v in enumerate(titles):
    ct += f"<p><a href='/chap1/{i+1}'>{v}フラスコ</a></p>"
```

リスト2-11では、リスト「titles」のインデックスとその値を両方利用するため、「enumerate関数」を用いて、変数「i」および「v」で取り出します。

最後に、「f文字列」を用いて変数を文字列中に埋め込みます。

そこで、たとえばリストの最初の要素については、「i」が「0」ですから、「ct」に付加される文字列は、以下のようになります。

```
<p><a href='/chap1/1'>一、丸底フラスコ</a></p>
```

■関数「sections」を作成

●URLの最後に<section>を指定

次に、「pages.py」に関数「sections」を追加しますが、デコレータ「route」の引数となるURLに、<section>という<>で囲んだ変数を加えます。

リスト2-12の通りです。

リスト2-12　関数「sections」の最初の部分

```
@flsk.route("/chap1/<section>")
def sections(section):
    #引数sectionを用いてコードが書ける
```

●URLの＜section＞部分を関数「sections」の引数に

リスト2-12の書き方によって、URLの＜section＞の部分に入力した文字列を関数の引数として用いることができます。

そこで、URLを「chap1/1」のように書けば引数に「1」が与えられ、「chap1/2」のように書けば引数に「2」が与えられます。

ただし、これらは文字列として与えられるので、整数として用いるのであれば、**リスト2-13**のように「python」の関数「int」を用いて変換します。

基本的には、**リスト2-13**で、URLによって異なる内容が表示されます。

リスト2-13　文字列として与えられる数字を整数に直す

```
@flsk.route("/chap1/<section>")
def sections(section):
    #文字列のリストを用意しておく
    cts=['全体が丸く、転がりやすいが熱に強い',
    '底だけが平たく、置きやすいが熱に弱い',
    '底に行くほど広いので反応効率が良い',
    '首の印にメニスカスを合わせて体積を一定にできる。フタ必須']

    section_num = int(section)-1 #リストのインデックスは0開始
    ct=cts[section_num] #ctxをインデックスで取り出す

    return  f"<p>{ct}</p>"
```

データの流れは、**図2-8**のようになります。

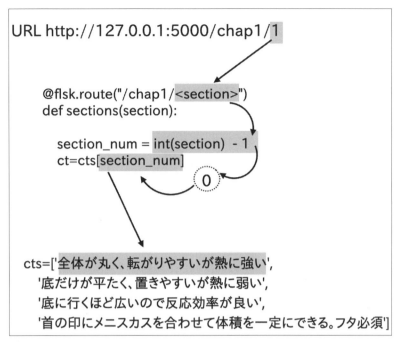

図2-8　URLの入力から、表示内容が決まるまで

●ちょっとした気配り

しかし、**リスト2-13**には問題があります。

用意されたリンクで移動するだけならいいのですが、たとえばブラウザから直接URLを入力することもできます。

「cts」の要素は4つしかないのに「/chap1/8」とか、数字に変換できない「/chap1/げ」などを入力したら、「エラー」で停止してしまうでしょう（悪質な入力への対策もありますが、これは本書では割愛します）。

＊

そこで、まず**リスト2-14**のように、変換した数値が1～4まで（変換した数値から1を引くと0～3まで）になければ、リスト「cts」に要素を探しにいかないようにします。

リスト2-14　変換した数値の値を検証する

```
ct="準備中" #最初にこれを与えておく
section_num = int(section)-1
if section_num in range(4):
    ct=cts[section_num] #数値が適切な値の時だけctsに探しにいく
```

ただし、そもそも数値に変換できない値なら、関数「int」を使ったところで、「エラー」になりますから、これは「try」と「exception」で処理します。

リスト2-15で、処理は完成です。

リスト2-15　変換した数値の値を検証する

```
ct="準備中"
try:
    section_num = int(section)-1 #ここでエラーになる恐れがあるので
    if section_num in range(4):
        ct=cts[section_num]
except:
    ct=('掲載予定はありません')
```

以上、関数「chap1」と関数「sections」を**リスト2-16**に掲載します。

リスト2-16　関数「chap1」と関数「sections」

```
@flsk.route("/chap1")
def chap1():
    titles = ['一、丸底', '二、平底', '三、三角', '四、メス']

    ct = "<h1>第一章</h1>"

    for i,v in enumerate(titles):
        ct += f"<p><a href='/chap1/{i+1}'>{v}フラスコ</a></p>"
    return ct


@flsk.route("/chap1/<section>")
def sections(section):
    cts=['全体が丸く、転がりやすいが熱に強い',
    '底だけが平たく、置きやすいが熱に弱い',
    '底に行くほど広いので反応効率が良い',
    '首の印にメニスカスを合わせて体積を一定にできる。フタ必須']

    ct="準備中"
    try:
        section_num = int(section)-1
        if section_num in range(4):
            ct=cts[section_num]
    except:
        ct=('掲載予定はありません')

    return f"<p>{ct}</p><a href='/chap1'>第一章</a>"
```

なお、関数「sections」の戻り値となるHTML文には、元のページに戻るリンクもつけています。

構造は**図2-9**のようになります。

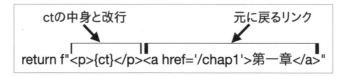

図2-9　関数「sections」の「戻り値」の構造

*

「pages.py」の関数「chap1」と関数「sections」を**リスト2-16**のように修正したら、
「pages.py」をflaskコマンドで実行してみましょう。

図2-10のようにリンクできたら、成功です。

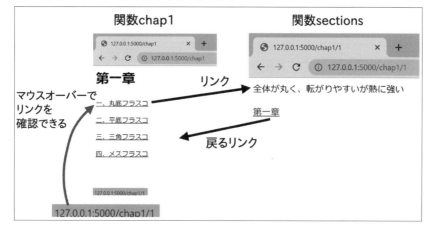

図2-10　リンクで、関数「chap1」と関数「sections」を、それぞれ呼び出せる

また、URLにふさわしくない値を入力した場合は、それぞれ別の内容が表示されます。

図2-11　（左）URLに大きすぎる数値を入れた、（右）URLに数値に変換できない文字列を入れた

*

以上、かなり複雑な「Webアプリケーション」を作成できましたが、だんだん関数の「戻
り値」とする文字列を書くのが大変になってきましたね。

次章では、「HTMLファイル」や「スタイルシート」も読み込みつつ、ただそれらを読
み込むよりは簡単に、Webコンテンツの内容を充実させましょう。

第**3**章

外観を整える

前章では、1つのWebアプリケーションに複数のページを作りました。

本章では、その外観を整えます。

基本的には「HTML文」ですが、「Pythonコード」を用いてなるべく簡単に書けるようにします。

3-1　テンプレートを使用する

「pages.py」には、なるべく「HTML文」を書かず、別に外観を記述した「テンプレート・ファイル」を呼び出すようにします。

「テンプレート・ファイル」は「HTML文」だけで書いてもいいですし、「Pythonコード」を埋め込むこともできます。

■「HTMLファイル」を読み込む

●「テンプレート・ファイル」の置き場所

「Flask」では、「テンプレート・ファイル」の置き場所が決まっています。

＊

今、「アプリケーションフォルダ」は「mypageフォルダ」です。

その中に「templates」というフォルダを作って、以後「テンプレート・ファイル」はそこに置きます。

我々日本語使用者は、複数形の「s」を置く習慣をなかなかもてませんが、「s」までちゃんと書かなければいけないので、注意してください。

●「テンプレート・ファイル」の拡張子

「テンプレート・ファイル」の拡張子は「.html」にします。

*

まず、これから作るWebページの「第二章」の外観を記述するテンプレートとして、「chap2.html」のファイルを作りましょう。

VSCodeのエクスプローラ上で作業できます。

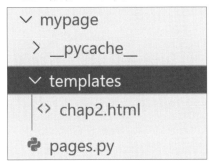

図3-1　「templates」フォルダ(複数形の「s」を忘れずに)と
「chap2.html」ファイル

●「テンプレート・ファイル」に「HTML文」を書いてみる

「chap2.html」に、まず「HTML文」だけを書いてみましょう。

*

「フラスコ」つながりで、「第二章」では、フラスコの素材について記してみたいと思います。

そこで、まずリスト3-1のように書きます。

リスト3-1　「chap2.html」の最初の内容

```html
<title>第二章</title>
<h1>第二章</h1>
<h2>フラスコの素材について</h2>
<p>本章では、フラスコに用いられる素材の特徴と
    用途について述べます。</p>
<p><a href="/">目次</a></p>
```

「HTML文」としては簡単ですが、これを「pages.py」の中で「文字列」として記述するのは、かなり面倒だと思います。

●「テンプレート」を読み込む「関数」

「pages.py」に、テンプレート「chap2.html」を読み込んで、「Webページ」として表示する関数、「chap2」を作成します。

*

リスト3-2のように、「戻り値」に「render_template」という関数を用います。

これは「flaskモジュール」からインポートします。

リスト3-2　「pages.py」に関数「chap2」を作成　関数「render_template」をインポート

```
from flask import Flask, render_template  #インポートを追加

 ... いままでの記述 ...

@flsk.route("/chap2")
def chap2():
      return render_template("chap2.html")
```

ものすごく簡単になりました。

「目次」を記す関数「index」に、URL「/chap2」を追加します。

これは、今までの記述をそのまま用いて、**リスト3-3**のように単純に付け足しておきます。

リスト3-3　関数「index」に追記

```
@flsk.route("/")
def index():
    ct = "<h1>目次</h1>"
    ct += "<p><a href='/chap1'>第一章</a></p>"
    ct += "<p><a href='/chap2'>第二章</a></p>" #これを追記
    return ct
```

以上、「pages.py」を保存し、「Webアプリケーション」を再起動します。

> ※ターミナル上で[Ctrl]+[C]ののち、「flask --app pages run」を実行。
> 　カーソル「上方向キー」を押すと、前回打ったこのコマンドが補完されます。

以後、ファイルの編集など変更があるたびに、この操作を行なってください。

＊

「目次」のページから、リンクを用いて、「第二章」のページへ移動してみましょう。

図3-2（左）から（右）へのページ遷移になるはずです。

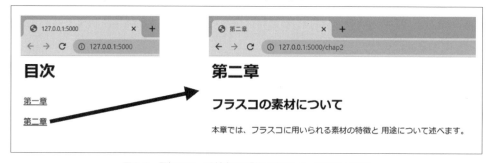

図3-2　最初のページ（左）から「第二章」のページ（右）へ移動

3-2　テンプレートに「Pythonコード」を埋め込む

テンプレートの「HTML文」に、「Pythonコード」を埋め込みます。
値は「render_template関数」の引数に渡します。
「ul」文の作成にPythonの「for文」を埋め込むなどが典型的な手法です。

■関数「chap2」から「chap2.html」に変数を渡す

●URLと日本語を対応させるタプル

フラスコの材質として「ガラス」「プラスチック」「フッ素樹脂」「ステンレス」を考えます。

＊

表示は日本語でも、「URL」や「ファイル名」は英字のほうが安全です。
そこで、**リスト3-4**のように英字と日本語を対応させたタプルのリストを作ります。

リスト3-4はこれから複数の関数で共通に用いるので、関数の外に書いてください。

リスト3-4　英字と日本語を対応させたタプルのリスト　各関数の外に置く

```python
materials = [('glass', 'ガラス'),
        ('plastic','プラスチック'), ('fluoric','フッ素樹脂'),
        ('stainless','ステンレス' )]

#関数chap2との位置関係
@flsk.route("/chap2")
def chap2():
    ....
```

●「render_template」の「戻り値」に引数を渡す

関数「chap2」は非常に簡単でしたが、ちょっと書き加えましょう。

「戻り値」を与える関数「render_template」の引数に、このタプルのリスト「materials」を渡します。
引数は「キーワード＝渡す値」の形をとります。
リスト3-5の通りです。

リスト3-5　「render_template」に「キーワード引数」を渡す

```python
def chap2():
    return render_template("chap2.html",
        materials = materials)
```

リスト3-5に追加された引数の関係は**図3-3**の通りです。

「キーワード引数」の「materials」のほうを、これからテンプレートで使います。
値には、**リスト3-4**で定義されたタプルのリスト「materials」が渡されています。

```
                          materials = [('glass', 'ガラス'),
                              ('plastic','プラスチック'), ('fluoric','フッ素樹脂'),
                              ('stainless','ステンレス' )]

@flsk.route("/chap2")
def chap2():                                          定義済みのデータ
    return render_template("chap2.html",  materials = materials)


                                   キーワード引数
```

図3-3　関数「render_template」に渡す引数の意味

■「テンプレート」で変数を受け取る

●「テンプレート」に「Pythonコード」を埋め込む

　リスト3-5で「render_template」の引数に渡された値を用いるには、テンプレート「chap2.html」に**リスト3-6**のように書きます。

リスト3-6　テンプレート「chap2.html」に今回書く内容

```
<ul>
    {% for material in materials %}
        <li><a href="/chap2/{{material[0]}}">
            {{material[1]}}</a></li>
    {%endfor%}
</ul>
```

記号が書かれている部分で、まず「{% ...%}」の中に「Pythonコード」を埋め込みます。

この中では、渡されてきた引数名「material」を変数としてそのまま使えます。
図3-4の通りです。

```
@flsk.route("/chap2")
def chap2():
    return render_template("chap2.html",  materials = materials)


    <ul>
       {% for material in materials %}
         <li><a href="/chap2/{{material[0]}}">
             {{material[1]}}</a></li>
       {%endfor%}
    </ul>
```

図3-4　「render_template」に渡した引数名を、そのまま「テンプレート」の変数名に使える

●「HTML文」では「{% end %}」を記述

リスト3-6に埋め込まれているのは「for文」ですが、Pythonのコードはブロックを「インデントの深さ」で区別します。

しかし、「HTML文」では「インデント」は無視されますから、Pythonプログラマーの美的感覚には合わないかもしれませんが、「end」という語を記述しましょう。

＊

「何のendか」がよく分かるように、「for」に対しては「endfor」と記述します。

これらの「Pythonコード」の部分を図3-4に示します。

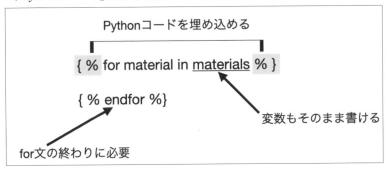

図3-5 「Pythonコード」が埋め込まれている部分

●「HTML文」の中に値だけ埋め込む

一方、「for」のような構文ではなく、「変数」や「式」の形で値だけを「HTML文」の中に埋め込むには、「{{...}}」という表現を用います。

＊

リスト3-7では、「HTML文」の「ul」の中で繰り返される「li」の要素に、変数を埋め込んでいます。

「material」の要素を1つずつ変数「material」に取り出しますが、これはタプルなので、さらに2つの要素「material[0]」と「material[1]」を「{{}}」の中に入れます。

この関連は図3-6に示す通りです。

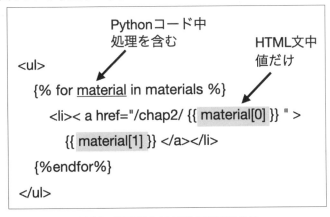

図3-6 「li」要素の中に変数の値を埋め込む

リスト3-7の「li」要素の中は「a」で始まるリンクです。

「material」にタプル「('glass', 'ガラス')」が渡された場合、リスト3-7のような「HTML文」が作られることになります。

リスト3-7 　作成される「HTML文」の例

```
<li><a href="/chap2/glass">ガラス</a></li>
```

リスト3-7は、「テンプレート・ファイル」の「chap2.html」において、リスト3-8の箇所に書きます。

リスト3-8 　「flaskコマンド」のオプション「--app」には、ファイル名「pages」を指定

```
<p>本章では、フラスコに用いられる素材の特徴と
    用途について述べます。</p>

    ...リスト3-6

<p><a href="/">目次</a></p>
```

ここまで書いたら、すべてのファイルを保存して、Webアプリケーションを再起動します。

「第二章」のページが図3-7のように表示されれば、成功です。

しかし、まだ、リンク先は実際に作られていません。

これから作ります。

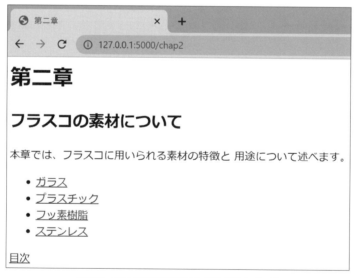

図3-7 　リンクの列記が出来た「第二章」のページ

<table>
<tr><td>3-3</td><td>テンプレートの高度な指定法</td></tr>
</table>

　読み込む「テンプレート・ファイル」名をコード中に直接書き込むのでなく、変数にして、いろいろなテンプレートに切り替えるようにします。

■「Pythonコード」で、テンプレート名をループ

●「第二章」からリンクするテンプレートの作成

　「第二章」からリンクで開く4つのページを、それぞれテンプレートを用いて書くことにします。

＊

　ファイルを4つ作ります。

　「glass.html」「plastic.html」「fruoric.html」「stainless.html」です。

　それぞれ、**リスト3-9**～**リスト3-12**のように書き、「template」フォルダに保存してください。

リスト3-9　glass.html

```
<p>
    ガラスは以下のような性質から長年化学器具の素材の定番です。
    <ul>
        <li>透明である</li>
        <li>ある程度の重さがあるので安定</li>
        <li>変形しにくい</li>
        <li>かなり熱に強い</li>
    </ul>
    実験器具用には、さらに熱に強くナトリウムイオンの溶出が少ない「ホウ珪酸ガラス」が使
われています。
</p>
```

リスト3-10　plastic.html

```
<p>
    実験器具としてのプラスチックには以下のような利点があります。
    <ul>
        <li>軽い</li>
        <li>ぶつけても壊れにくい</li>
        <li>安価</li>
    </ul>
    しかし熱で変形、有機溶媒で変性、汚れやすいなどの欠点もあるので、
    あまり精度はいらないが一度に多数の試料をざっと試験したい時などに
    用いられます。
</p>
```

リスト3-11　fluoric.html

```html
<p>
    フッ素樹脂はプラスチックの中でも耐腐食性が大きいので、
    特に腐食性の大きい危険な薬品「弗酸(ふっさん)」を用いた反応に
    用いられます。ただし、熱には弱いです。
</p>
```

リスト3-12　stainless.html

```html
<p>
    ステンレスのフラスコは中が当然見えませんが、反応により内圧が高くなる場合に、
    二重容器、パッキンなどの構造をもったステンレス製が使われます。<br>
    でなければ、アウトドアのお飲み物入れなどの製品を指します。
</p>
```

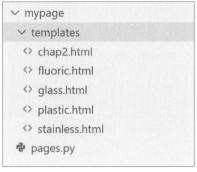

図3-8　「templates」の中に4つの「テンプレート・ファイル」を保存
「ファイル名」のアルファベット順に表示されているが、順番は関係ない

*

　これで、各「テンプレート・ファイル」が、長い文字列を格納した「データファイル」のようになりました。

●URLと「テンプレート名」を対応させる

　「pages.py」に関数「show_material」を追加し、内容を**リスト3-13**のようにします。

リスト3-13　関数「show_materials」

```python
from flask import (Flask, render_template,
 redirect) #redirectのインポートを追加

....これまでの内容....
@flsk.route("/chap2/<material>")
def show_material(material):
    for item in materials:
        if material==item[0]:
            return render_template(f"{material}.html")

    #該当しなければ、第二章のページにリダイレクト
    return redirect("/chap2")
```

　この関数は、「/chap2/<material>」での「<material>」の部分に、「glass」「plastic」「fluoric」「stainless」のいずれかを入力してブラウザを開くと、それぞれ「glass.html」「plastic.html,」「fluoric.html」「stailess.html」がテンプレートとして呼ばれるように引数の値の流れを記述します。

　データの流れは**図3-9**のようになります。

```
@flsk.route("/chap2/<material>")
def show_material(material):
    for item in materials:
        if material==item[0]:
            return render_template(f"{material}.html")
```

図3-9　URLの入力から、「テンプレート・ファイル名」が決まるまで

特に、URLの値からファイル名を決めるところを**図3-10**に示します。

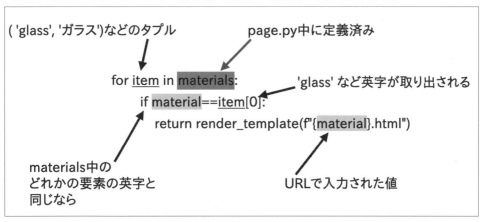

図3-10　URL入力と、いずれかの「テンプレート・ファイル」名が一致するかどうかを調べる仕組み

「materials」は**リスト3-4**で定義済みの、タプルのリストです。
そこから要素を1つずつとり出して変数「item」とします。

「item」はタプルで、「ファイル名」に相当する英字は「item [0]」で取り出せます。

　渡されてきた変数「material」の値が、「materials」のどれかの要素の英字と一致すれば、その英字の名前をもつテンプレートを読み込んで表示します。

*

　このループから途中でreturnせずに抜けてくるということは、「materials」のどの要素の英字部分にも対応しなかったということです。

　そのときは関数「redirect」を戻します。
　これで、存在しないファイル名を入力したときにURL「/chap2」に「リダイレクト」されます。
　このとき、「第二章」のページは短時間にもう一度呼ばれているのですが、時間が短い

のでほとんど「変わらない」ように見えるでしょう。

図3-1に示す通りです。

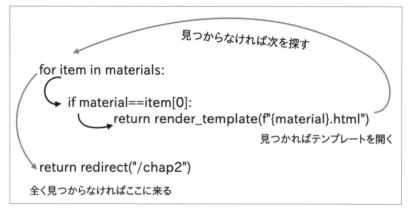

図3-11　ループでreturnできずに、抜けてきたときの処理

＊

以上、ファイルをすべて保存して、Webアプリケーションを再起動します。

たとえば、「第二章」のページで「ガラス」をクリックすると、「ガラス」という材質の説明ページが開きます。

図3-12の通りです。

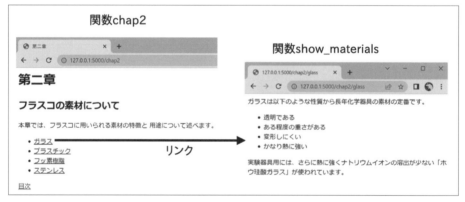

図3-12　「第二章」のページから、各素材の説明ページのリンクで移動する

3-4 基本テンプレート

「基本テンプレート」とは、複数のテンプレートに共通する指定を1枚のファイルに別途書き出したものです。

「基本テンプレート」の書き方と、「基本テンプレート」を用いる各テンプレートの書き方を解説します。

■「基本テンプレート・ファイル」の作成

●「基本テンプレート」も「templatesフォルダ」に置く

各素材の説明を記したテンプレートが共通に用いる「基本テンプレート」である「materials.html」を作り、「templatesフォルダ」に置きます。

●どこにテンプレートの内容を流し込むか指定

「基本テンプレートである」という記述は特に要りません。

これを利用するファイルのほうに記述します。

*

「基本テンプレート」では、各テンプレートの内容をどこに流し込むかを記号によって示します。

まず、「materials.html」の一部となる**リスト3-14**をご覧ください。

リスト3-14 「mateirals.html」の記述の一部

```
{%block content%}{%endblock%}

<p><a href="/chap2">第二章</a></p>
<p><a href="/">目次</a></p>
```

リスト3-14の「{%block content%}{%endblock}」という記号のペアに注目してください。

これに対して、たとえば「glass.html」上での対応を**リスト3-15**に書きます。

リスト3-15 「glass.html」上でのリスト3-14への対応

```
{%block content%}
<p>
    ガラスは以下のような性質から長年化学器具の素材の定番です。
    <ul>
        <li>透明である</li>
        <li>ある程度の重さがあるので安定</li>
        <li>変形しにくい</li>
        <li>かなり熱に強い</li>
```

```
  </ul>
    実験器具用には、さらに熱に強くナトリウムイオンの溶出が少ない「ホウ珪酸ガラス」が使
われています。
</p>
{%endblock%}
```

つまり、「基本テンプレートで「{%block content%}{%endblock}」と続けている箇所に、
これを利用するテンプレートでは「{%block content%}」と「{%endblock}」の間に挟まれ
た内容が流し込まれる、という仕組みです。

「基本テンプレート」でも、「開始点」と「終了点」をペアで書いてあるのは、ネスト状の
流し込みもできるようにです。

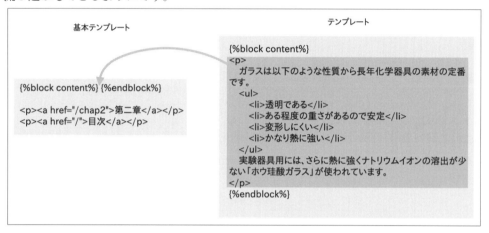

図3-14 「基本テンプレート」に、テンプレートの内容を流し込む指定

●流し込み指定しない部分は共通

リスト3-14で、流し込む箇所をブロックで指定していない部分は共通です。
つまり、「第二章」ページと「目次」ページとのリンクは、この「基本テンプレート」を用
いるすべてのテンプレートで、共通に表示されます。

■「基本テンプレート・ファイル」の利用

●「基本テンプレート」を利用する記述

基本テンプレート「materials.html」を利用するテンプレートには、すべて**リスト3-16**
の記述を最初に加えます。

リスト3-16 基本テンプレート「materials.html」を用いる指定　テンプレートの最初に書く

```
{%extends 'materials.html'%}
```

ここまでが、「基本テンプレート」とそれを利用するテンプレートの書き方の基本です。

さっそく実行してみたいところですが、もう一か所記述を加えてから、まとめて作業しましょう。

●「基本テンプレート」にも変数を渡せる

「Pythonコード」の関数で呼び出されたテンプレートが「基本テンプレート」を呼び出すので、「基本テンプレート」にも変数を渡せます。

「pages.py」の関数「show_materials」で「戻り値」を与えている関数「render_template」に、各素材の日本語名を渡してみましょう。

＊

たとえば、「glass」に対する「ガラス」です。

これは「forループ」で入力値「material」と値が一致している英字「item [0]」と同じタプルにある日本語「item [1]」です。

ですから、**リスト3-17**のように引数「material_name」で渡しておきます。

リスト3-17　入力値と一致する英字と同じタプルにある日本語を渡す

```
if material==item[0]:
    return render_template(f"{material}.html",
        material_name = item[1])
```

一方、「materials.html」のほうでは、**リスト3-15**の前に**リスト3-18**を記述すると、引数「material_name」の値を受け取って、ページの「ブラウザ上のタイトル」と「ページ上の見出し」に素材の名前を日本語で表示できます。

リスト3-18　「materials.html」で引数「material_name」を受け取れる

```
<title>MyPage - {{material_name}}</title>
<h1>{{material_name}}</h1>
```

データの流れは、**図3-15**の通りです。

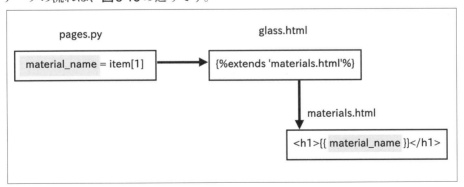

図3-14　「pages.py」のコードから、基本テンプレート「materials.html」
にデータが流れる仕組み

＊

いよいよ実際に作業しましょう。
手順は以下の通りです。

手 順

[1] まず、「glass.html」の他の3件のテンプレート「plastic.html」「fluoric.html」「stainless.html」いずれも、ファイルの最初にリスト3-15の記号部分、およびリスト3-16の記述を追加して、「materials.html」を呼び出せるようにします。

[2] 次に、「pages.py」の関数「show_materials」をリスト3-19のように完成します。

リスト3-19 「pages.py」の関数「show_materials」

```python
@flsk.route("/chap2/<material>")
def show_material(material):
    for item in materials:
        if material==item[0]:
            return render_template(f"{material}.html",
            material_name = item[1])
    return redirect("/chap2")
```

[3] 最後に、「materials.html」の内容をリスト3-20のように完成します。

リスト3-20 「materials.html」

```html
<title>MyPage - {{material_name}}</title>
<h1>{{material_name}}</h1>

{%block content%}{%endblock%}

<p><a href="/chap2">第二章</a></p>
<p><a href="/">目次</a></p>
```

Webアプリケーションを再起動して、**図3-12**の流れでページ「第二章」から「ガラス」「プラスチック」などの説明ページを開いてみてください。
それぞれの名前で見出しが表示されるようになりました。

図3-15 「ブラウザ上のタイトル」と「ページ上の見出し」を表示できた

3-5 「スタイルシート」を読み込む

最後は、「スタイルシート」で画面の「余白」や「色」などを工夫してみましょう。

外観を良くするだけでなく、「**静的 (static) ファイル**」の配置方法の決まりも確認します。

■「静的ファイル」とは

●「Pythonコード」とまったく関係ないファイル

「Flask」では「スタイルシート」を「静的ファイル」として扱います。
これは、Pythonのコードとまったく関係ないファイルです。

「テンプレート・ファイル」には、「Pythonコード」から「読み込む」という関係があります。
「基本テンプレート」も、**リスト3-18**で行なったように、間接的に「Pythonコード」から値を渡せます。

しかし、「スタイルシート」のファイルはそのような関係をもちません。

●置き場所が決まっている

このような「静的ファイル」の置き場所は決まっていて、**図3-16**に示すような「**static フォルダ**」に置きます。

「mypageフォルダ」の中に「staticフォルダ」を作り、ここに「**style.css ファイル**」を作成してください。
VSCodeのエクスプローラで作業できます。
「スタイルシート」のファイル名は、読み込むときに名前を指定するので自由につけられます。

```
∨ mypage
  > __pycache__
  ∨ static
    # style.css
  ∨ templates
    <> chap2.html
    <> fluoric.html
    <> glass.html
    <> materials.html
    <> plastic.html
    <> stainless.html
  🐍 pages.py
```

図3-16 「staticフォルダ」と「style.css」

■「基本テンプレート」で「スタイルシート」を利用する

●利用する「テンプレート」にすべて適用される

　各テンプレートで固有の「スタイルシート」を読み込むこともできますが、「基本テンプレート」に読み込んでおくと、これを利用するテンプレートにすべて適用されるので便利です。

●「静的ファイル」のURL

　基本テンプレート「materials.html」に、まず「スタイルシート」を読み込む記述をしますが、「Flask」では「静的ファイル」のURLは**リスト3-21**のように関数「url_for」を用いて表わします。

　最初の引数が「'static'」、次の引数が「ファイル名」です。

リスト3-21　関数「url_for」を用いて「静的ファイル」のURLを表わす

```
url_for('static',filename='style.css')
```

●テンプレートではそのまま使える関数「url_for」

　関数「url_for」は「Flask」の関数なので、「Python コード」上ではインポートする必要がありますが、テンプレート上ではそのまま使えるようになっています。

　そこで、**リスト3-22**のように、「スタイルシート」を読み込む設定ができます。「materials.html」に記述します。

リスト3-22　「materials.html」に「スタイルシート」を読み込む記述をする

```
<link rel="stylesheet" href="{{url_for('static',filename='style.css')}}">
```

●「materials.html」の完成

　これまで見てきたWebブラウザ上の表示は、「余白」がなくて左上隅に全体が詰まって見えると思います。
　そこで、全体の左と上に「余白」を置く設定を「スタイルシート」に記述したいと思います。
　これは、「bodyタグ」に設定すると簡単ですから、「materials.html」にも「bodyタグ」を記述して構造を明らかにします。

　リスト3-23で、「materials.html」は完成になります。

リスト3-23 「materials.html」の完成

```
<title>MyPage - {{material_name}}</title>
<link rel="stylesheet" href="{{url_for('static',filename='style.
css')}}">
<body>
    <h1>{{material_name}}</h1>

    {%block content%}{%endblock%}

    <p><a href="/chap2">第二章</a></p>
    <p><a href="/">目次</a></p>

</body>
```

■「スタイルシート」の内容

●普通の「スタイルシート」とまったく同じ

「スタイルシート」の内容自体は、普通にWebページを記述するのとまったく変わりありません。

たとえば、**リスト3-24**のように、「余白」や「色」を指定してみましょう。

リスト3-24 style.css

```
body{
    margin-top: 20px;
    margin-left: 20px;
    color: maroon;
    background-color: ivory;
}

h1{
    color: khaki;
    background-color: maroon;
    padding-left: 10px;
}
```

ファイルをすべて保存してWebアプリケーションを再起動すると、たとえば**図3-15**のページは**図3-17**のような外観になります。

55

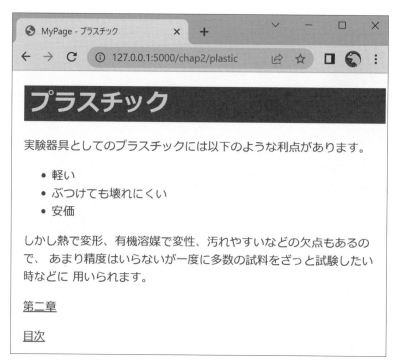

図3-17 「スタイルシート」で外観の整ったWebページ

*

以上で、一通り「閲覧専用」のWebアプリケーションを作成できました。

次章では、閲覧者がフォームにデータを入力して送信できるようにします。

第4章

「フォーム」の作成と送受信

> 本章では、閲覧者がデータを送信できる動的な「Webアプリ」を、「Flask」で作ります。
> フォームを表示して、「文字列情報」や「ファイルデータ」の送信を受け付け、結果を表示します。

4-1　「フォーム」の作成と送受信

前章から編集しているアプリケーション「mypage」で引き続き作業します。

＊

本節では、「フォーム」を作ります。

前章では、「書式」や「色」を豊かにしましたが、「データの送受信」の書き方に集中するため、今回はプレーンなページでいきましょう。

■「フォーム」のテンプレートを作成

●普通のHTMLで書く

「mypageフォルダ」にすでに作成ずみの「templatesフォルダ」に、テンプレート・ファイル「survey.html」を作ります。

内容は**リスト4-1**のとおりです。
普通のHTMLの「フォーム」で、HTTPの「POST※命令」です。

> ※送信パラメータを送信先のURLに記述しない

リスト4-1　テンプレート・ファイル「survey.html」

```
<p>＊＊＊フラスコ愛用者アンケート＊＊＊</p>

<p>さしつかえなければ以下の質問にお答えください</p>
<form action="/show_survey" method="post">
    <p><label for = "like">好きなフラスコ:</label>
        <input name="like" id="like" size="20">フラスコ
    </p>
    <p><label for ="reason">理由：</label>
    <textarea name="reason" id="reason"
    cols="20" rows="3"></textarea>
```

```
        </p>
        <input type="submit" value="送信">
</form>
```

●送信先のテンプレートを作成

　リスト4-1に見るように、「survey.html」のフォームの送信先は別のURL「/show_survey」です。
　これを表示するテンプレート「show_survey.html」を作っておきます。

　まずは**リスト4-2**だけにしておきます。

リスト4-2　送信先のテンプレート、最低限の表示

```
<p>ありがとうございました。</p>
```

■「フォーム」の送信と受信の関数

●「フォーム送信」のページを表示する関数

　「pages.py」を編集します。

　「フォーム送信」のページにテンプレート「survey.html」を読み込んで表示する関数「survey」を、**リスト4-3**のように書きます。
　送信するページのほうには、基本的に何のコードも要りません。
　テンプレートを表示するだけです。

リスト4-3　関数「survey」

```
@flsk.route("/survey")
def survey ():
    return render_template("survey.html")
```

●「POST」で送信値を受け取る関数

　「POST命令」で送信値を受け取る関数では、**リスト4-3**のようなデコレータ「post」でURLを指定できます。

　「pages.py」に**リスト4-4**の関数「show_survey」を、まずは定義します。

リスト4-4　デコレータ「post」を用いた関数「show_survey」

```
@flsk.post("/show_survey")
def show_survey():
    return render_template("show_survey.html")
```

■「フォーム」の送受信の確認

●「目次」ページにリンクを置く

　動作確認しやすいように、最初に起動する「目次」ページに「フォーム」の送信ページへのリンクを置きます。

　「pages.py」の関数「index」の変数「ct」に、**リスト4-5**のように「survey」のURLへのリンクを追加します。

リスト4-5　関数「index」の変数「ct」にリンク文字列を追加

```
@flsk.route("/")
def index():
    ct = "<h1>目次</h1>"
    ct += "<p><a href='/chap1'>第一章</a></p>"
    ct += "<p><a href='/chap2'>第二章</a></p>"
    ct += "<p><a href='/survey'>アンケート</a></p>" #これを追加
    return ct
```

●動作確認

　ファイルをすべて保存し、「Webアプリケーション」を再起動します。

　何度か書いていますが、前に戻って読み返さなくてもいいように、ここでも説明すると、ターミナル上で[Ctrl]+[C]でサーバを停止させたのち、「flask --app pages run」を実行します。

　カーソル上方向キーを押すと、前回打ったこのコマンドが補完されます。

　図4-1のように、URL「survey」でフォームが表示されます。

　空のまま「送信ボタン」を押すと、URLが「show_survey」に切り替わり、「ありがとうございました」と表示されます。

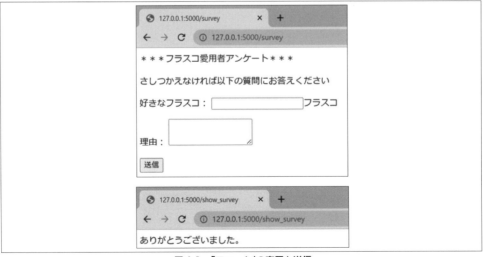

図4-1　「フォーム」の表示と送信
（上）URLは「survey」、（下）URLは「show_survey」

4-2 「フォーム」の入力値を受け取る

「フォーム」によるデータの送受信の仕組みが分かったので、実際に「フォーム」に入力された値を送信先で受け取って表示します。

■「Flask」の「requestオブジェクト」

●モジュール「flask」から「request」をインポート

関数「show_survey」を編集します。

URL「survey」のフォームから送られてきたデータは、「Flask」の「requestオブジェクト」から取り出します。

このとき、他のライブラリの「request」として処理されないように、最初にインポートを宣言しておきます。

リスト4-6 「flask」から「request」をインポートする

```
from flask import (Flask, render_template,redirect, request)
```

「フォーム」中のコントロール(「入力欄」などのフォーム部品のこと)を表わす「input要素」「textarea要素」などの属性「name」を用いて、それらのコントロールに入力した値を取り出せます。

たとえば、**リスト4-1**の「survey.html」で、「input要素」の属性「name」の値は「like」なので、ここに入力した値は以下のように取り出します。

```
request.form['like']
```

そこで、今度は自分が読み込むテンプレート「show_survey.html」に、「フォーム」から取り出した値を「render_template」の「キーワード引数」の値に渡します。

このようにして、**リスト4-4**の関数「show_survey」を**リスト4-7**のように追記します。

リスト4-7 「フォーム」から取り出した値を「render_template」の引数に渡す

```
@flsk.post("/show_survey")
def showsurvey():
    return render_template("show_survey.html",
        like = request.form['like'], #input要素の値
        reason = request.form['reason'] #textarea要素の値
    )
```

データの流れは**図4-2**のようになります。

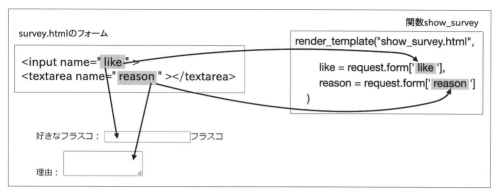

図4-2 「survey.html」のフォームから送信先の関数「show_survey」への
データの流れ

●送信先のテンプレートが値を受け取る

リスト4-7の関数「show_servey」で渡した引数「like」「reason」は、テンプレート「show_survey.html」で「{{like}}」や「{{reason}}」という記述で受け取ります。

すでに**リスト4-2**で簡単な表示を記述しておいた「show_survey.html」を、**リスト4-8**のように書き直します。

リスト4-8 「show_survey.html」

```
<p>好きなフラスコ：{{like}}</p>
<p>その理由：{{reason}}</p>
<p>ありがとうございました。</p>
```

■動作確認

●「フォーム」に値を入力して送信

ファイルをすべて保存し、「Webアプリケーション」を再起動します。
最初に表示される「目次」ページから「アンケート」のリンクでURL「survey」の「フォーム」に移動します。

「フォーム」に適当な文字列を入力して「送信」ボタンを押すと、送信した内容が「show_survey」ページに表示されます。

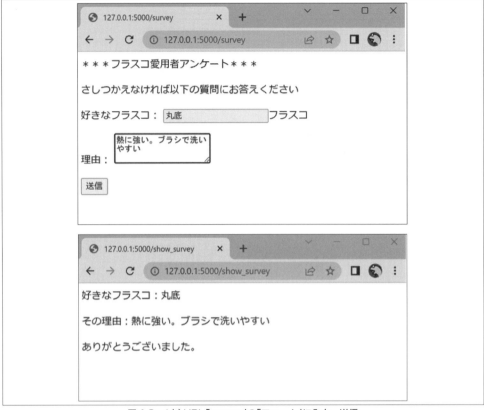

図4-3　（上）URL「survey」の「フォーム」に入力、送信
（下）送信データをURL「show_survey」に表示

4-3 画像ファイルのアップロードと表示

　HTMLではファイルをアップロードするコントロールを簡単に書けますが、それを受け取って保存し、どんな画像かを表示するためには「Flask」の記法を用います。

■ファイルをアップロードするテンプレート

●自分自身に送信するフォーム

　「staticフォルダ」に、ファイルをアップロードするためのテンプレート「upload_file.html」を作ります。

　前節の「フォーム」は別のURLにデータを送信しましたが、今回は自分自身に「フォーム」を送信し、続けて「フォーム送信」を行なえるようにしたいと思います。
　その際、今アップロードしたばかりの画像を表示します。

　順番としては**図4-4**のようになります。

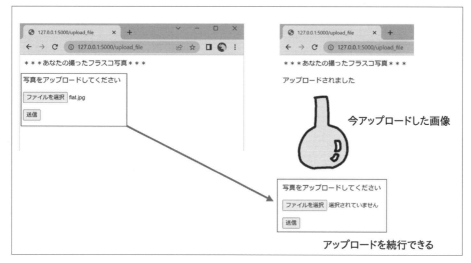

図4-4　自分自身にフォームデータを送信

●まずはアップロードのコントロールを表示

　図4-4のようにアップロードした画像を表示するには、「Flask」のコードを学ぶ必要があります。
　そこで、まず、テンプレート「upload_file.html」を**リスト4-8**のように書き、ファイルアップロードの画面をとにかく表示できるか確かめましょう。

リスト4-9 「upload_file.html」の最初の記述

```
@<p>＊＊＊あなたの撮ったフラスコ写真＊＊＊</p>

<p>写真をアップロードしてください</p>
<form method="post" enctype="multipart/form-data">
    <input type="file" id="filedata" name="filedata"/>
    <p><input type="submit" value="送信"></p>
</form>

<p><a href="/chap2">第二章</a></p>
<p><a href="/">目次</a></p>
```

なお、**リスト4-9**では、form要素に属性「enctype」を記述して、ファイルをテキストデータであるファイル名、画像本体であるピクセルデータなど、複数の情報の集合として送信できるようにしています。

こうしないと、「ファイル名」しか送信されません。
これは「Flask」に関係なくHTMLの規則です。

■「GET」と「POST」で呼ばれる関数

●デコレータ「route」の引数「methods」

自分自身に送信する「フォーム」を記述するページでは、場合に応じてHTTPの「GET」と「POST」、どちらかの命令で呼ばれます。
・初めて表示したときのようにデータが送信されていない状態では「**GET**」
・自分自身にデータが送信されると「**POST**」

このような場合、デコレータには「route」が用いられ、引数「methods」に命令を表わす文字列のリストが渡されます。

デコレータ「route」の引数「methods」

```
@flsk.route("/upload_file", methods = ['GET', 'POST'])
```

まず、**リスト4-10**のように、最低限フォーム画面を表示させるだけの内容で、関数「file_upload」を定義します。

リスト4-10 最低限、「フォーム画面」を表示させるだけの関数「file_upload」

```
@flsk.route("/upload_file", methods = ['GET', 'POST'])
def upload_file():
    return render_template("upload_file.html")
```

■「フォーム表示」を確認

●関数「index」に「リンク文字列」を追加

「目次」ページを表示する関数「index」を編集し、変数「ct」にURL「upload_file」へのリンクを追加します。

変数「ct」の定義は、**リスト4-11**のようになります。

リスト4-11　変数「ct」に「リンク文字列」をさらに追加

```
ct = "<h1>目次</h1>"
ct += "<p><a href='/chap1'>第一章</a></p>"
ct += "<p><a href='/chap2'>第二章</a></p>"
ct += "<p><a href='/survey'>アンケート</a></p>"
ct += "<p><a href='/upload_file'>ファイルのアップロード</a></p>"
```

●動作確認

これまで行なってきたように、「Webアプリケーション」を再起動して、「目次」から「ファイルのアップロード」に移動します。

表示されたフォームにおいて「ファイルを選択」のボタンを押すと、ファイルを自由に選択できる画面が表示されます。

＊

今回確認する機能はここまでです。

「ページ遷移」は**図4-5**に示す通りです。

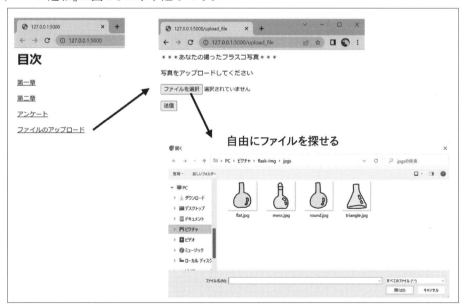

図4-5　実現した「ページ遷移」

■アップロードした画像を表示

●「request」の属性「method」で場合分け

関数「upload_file」を編集します。

＊

まず、ポイントを解説します。

このあと**リスト4-11**に示すまでは、示したコードはまだ「pages.py」に書き込まず、読むだけにしてください。

「GET命令」と「POST命令」のどちらで呼び出されたかは、以下のように「Flask」の、オブジェクト「request」の属性「method」で分岐させます。

「Flask」のオブジェクト「request」の、属性「method」

```
if request.method=='POST':
```

●ファイルデータの取り出しは「request」の属性「files」で

アップロードしたファイルのデータは、「request」の属性「files」で取り出します。

属性名が「files」という複数なのは、HTMLの書き方によって複数のファイルを同時送信できるからです。

本書では一件ずつ送信します。

「request.files」で取り出せるのは、Pythonの「辞書型」と似たデータ型で、「キーワード」で取り出します。

「キーワード」は、ファイルをアップロードする「input」要素の「name」属性です。

関係は**図4-6**の通りです。

```
file=request.files['filedata']
```

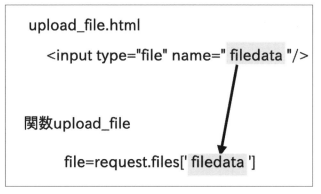

図4-6 「フォーム」でアップロードしたファイルを取り出す

●ファイルを保存するメソッド「save」

ファイルの保存場所は、あとで参照しやすいように「mypageフォルダ」内の「staticフォルダ」にします。

なお、「staticフォルダ」内にサブフォルダを置いても参照できるので、サブフォルダ「img」を作り、そこを保存場所にします。

変数「file」に取り出したオブジェクトは、「Flask」が使っている外部ライブラリ「Werkzeug」（https://werkzeug.palletsprojects.com/）のオブジェクトで、「werkzeug.datastructures.FileStorage」というものです。

このオブジェクトはファイルを保存するための「save」というメソッドをもちます。

引数にはファイルの「相対パス」を渡せます。

「pages.py」はフォルダ「mypage」のすぐ中にありますから、保存場所は相対パス「static/img/ファイル名」になります。

●「ファイル名」を取り出す

上記の「saveメソッド」に渡す「ファイル名」は、変数「file」に取り出したオブジェクトがもっている属性「filename」で取り出せます。

そのため、今の場合、変数「file」に対して以下のように書けば、アップロードしたファイルを保存できます。

```
fname=file.filename
file.save(f"static/img/{fname}")
```

「ファイル名」が「flat.jpg」であれば、**図4-7**のような流れになります。

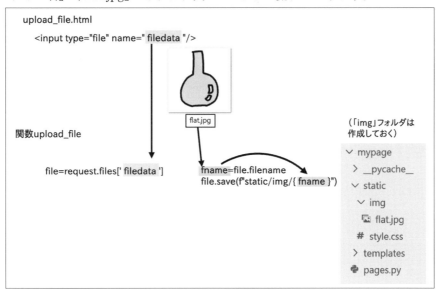

図4-7　ファイルのアップロードから保存まで

●「url_for」でファイルのURLを得る

さて、保存した画像ファイルをWebページ上に表示するには、ご存知以下のHTML文を用います。

画像を表示するHTML文

```
<img src = "画像のURL">
```

この「画像のURL」は、「Flask」の関数「url_for」を用いて取得します。

関数「upload_file」の中で変数「file_url」に取得して、関数「render_template」に引数として渡すのが簡単です。

ただし、「pages.py」の中で使うには、「url_for」を**リスト4-12**のようにインポートします。

ということで、いよいよ「pages.py」に書き加えていってください。

リスト4-12　ここから「pages.py」に書き込む。「url_for」のインポート

```
from flask import (Flask, render_template, redirect, request, url_for)
```

*

これまで解説した内容を追記して、関数「upload_file」を**リスト4-13**のように編集します。

リスト4-13　関数「upload_file」

```
@flsk.route("/upload_file", methods =['POST', 'GET'])
def upload_file():
    if request.method=="POST": #POST命令の場合
        file=request.files['filedata']
        fname=file.filename
        file.save(f"static/img/{fname}")
        file_url= url_for('static', filename=f"img/{fname}")
        return render_template("upload_file.html",  file_url=file_url)

    return render_template("upload_file.html") #GET命令の場合
```

●「POST命令」のときだけ引数を渡す

リスト4-12では、「POST命令」のときだけ関数「render_template」に引数「file_url」を渡し、「GET命令」のときには引数を何も渡さないように書いています。

これで、テンプレートに「ファイルがアップロードされたときだけ画像を表示する」ように書くことができます（**次項**をご覧ください）。

■アップロードされたときだけ画像を表示

●テンプレートの中でのif文

テンプレート「upload_file.html」には、渡された引数「file_url」を「{{file_url}}」で埋め込みますが、この記述は「file_url」が空でないときに限って有効となるようにします。

そのためには、テンプレートの「{% if 条件 %}{% endif %}」を用います。

リスト4-14を「upload_file.html」に記述しておきます。

他の箇所はファイルがアップロードされてもされなくても等しく表示しますから、「{% else %}」は必要ありません。

リスト4-14 「upload_file.html」に記述

```
<p>＊＊＊あなたの撮ったフラスコ写真＊＊＊</p>

{%if file_url %}アップロードされました
    <p><img src="{{file_url}}" height="200"></p>
    <p>続けてアップロードできます</p>
{%endif%}

....これまでの記述
```

■動作確認

●ファイルをアップロードして「フォーム」を送信

ファイルをすべて保存して、「Webアプリケーション」を再起動します。

図4-5まできたら、実際にファイルをアップロードします。

先に示した図4-4のように動作するか確認しましょう。

＊

最終章では、「フォーム」から送信した情報をデータベースに保存し、閲覧する練習をします。

第5章

「データベース」への接続

いよいよ最終章となる本章では、データベース「SQLite」を用いて、「入力情報」を「保存」したり「読み出し」たりするアプリケーションを作りましょう。
これまでに学んできた内容も復習します。

5-1　　　　「データベース・プログラミング」の概要

データベース「SQLite」は、アプリケーション自身に「ファイル」として保存できるので、扱いが簡単で、分かりやすく、学習に適しています。

本節では、「データベース」の操作を記述するプログラミングの一般を解説します。

さらに、「SQLite」では、「データベース操作」は、具体的に「ファイルの操作」として考えられることも示します。

■「SQLite」とは

●ファイル1つで読み書きできる、「軽量データベース」

「SQLite」(https://www.sqlite.org)は、「データベース」を1件の「ファイル」として「保存」し、「読み書き」する形式の「埋め込み型」です。

「リモートのサーバ」に接続する必要がないので、アプリケーションごと移動でき、「バックアップ」も「ファイル」を複製するだけですみます。

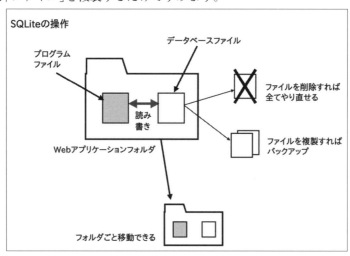

図5-1　データベース「SQLite」の操作は簡単

●Pythonの標準ライブラリ「sqlite3」

「SQLite」は「バージョン3」で多言語に対応するなど、大きな変化があったので、それ以前の「SQLite」とは別に、「SQLite3」という名称で、インストール時も区別するように配慮されていました。

最近は「SQLiteのバージョン3」という扱いが定着したようですが、「Python」(本書執筆時のバージョンは3.11)でも、まだ標準ライブラリの名称は「sqlite3」となっています。

このライブラリ「sqlite3」があるので、別途に「SQLite」というアプリケーションをインストールする必要はありません。

■「データベース」の操作法

●「データベース」の操作法一般

まず、具体的にどうすれば「SQLite」の「データベース」を作り、読み書きできるのかを最初に紹介します。

*

一般の「データベースの操作」は以下の過程で行なわれます。

(1)「データベース」(複数の「テーブル」を作成できる領域)を取得。
(2)「データベース領域」内に「テーブル」を作成。
(3)「テーブル」にデータを記録。
(4)記録したデータを読んだり、さらにデータを記録したりする。

> ※以後、「データベース」にデータを保存する形式である「表」を、「テーブル」と称します。

●プログラミング上での「データベース」への接続法一般

「データベース」に「テーブル」を作りたり、データを読み書きするには、「データベース」への接続が必要です。
この工程をプログラミングで行なう方法は、「書き込み」と「読み出し」で異なります。

「書き込み」の場合
(1)「データベース」の「接続オブジェクト」を取得する。
(2)「接続オブジェクト」を用いて「書き込み」を行なう。
(3)「接続オブジェクトを終了する。

「読み込み」の場合
(1)「データベース」の「接続オブジェクト」を取得する。
(2)「接続オブジェクト」から「カーソル・オブジェクト」を取得する。
(3)「カーソル・オブジェクト」を用いてデータを読み出す。

(4) 読み出したデータを、「データベース」から独立した変数に、「リスト」や「タプル」として渡す。

(5) 「接続オブジェクト」を終了する。

(6) 「リスト」や「タプル」を自由に使用する。

●「SQLite」だと考え方が簡単

「接続オブジェクト」「カーソル・オブジェクト」など、抽象的で、なかなか分かりづらいですが、「SQLite」は「ファイル」の読み書きを行なう「データベース」なので、「データベースの読み書き」と「ファイルの読み書き」を直接対応させて考えられます。

「データベース」の考え方	「SQLite」の考え方
「データベース」の作成	「ファイル」の作成
「データベース」の「接続オブジェクト」	「ファイル」オブジェクト
「データベース」への書き込み	「ファイル」への書き込み
カーソル・オブジェクト	「ファイル」リーダーオブジェクト
データの読み出し	「ファイル」からの読み込み
「データベース接続オブジェクト」の終了	「ファイルオブジェクト」の終了

■SQL文

●昔からの文字列を今もなお

「データベース」への接続で面倒なのは、「SQL文」と呼ばれる「文字列」を作って、プログラミング上の「SQL文発行メソッド」の引数に渡す、という規則が今もなお保たれていることです。

たとえば、本章で「テーブル」を作る「SQL文」は、**リスト5-1**のように文字列として変数に渡します。

なお、**リスト5-1～5-4**はあとで実際に書くときに再掲するので、今は読むだけにしておいてください。

リスト5-1　本章で実際に作る「SQL文」の1つ。「文字列」として変数に渡す

```
create_table="""
CREATE TABLE items(
    id INTEGER PRIMARY KEY AUTOINCREMENT,
    itemname TEXT,
    comment TEXT,
    imgurl TEXT
)
"""
```

リスト5-1の文字列の慣習は、「データベースの用語は大文字、ユーザーの決めたテーブル名や列名は小文字」です。

そのため、[Shift]キーを押す小指が痛くなります。

　この「SQL文」を、「接続オブジェクト」である変数「dbconn」のメソッド「execute」に、リスト5-2のように渡します。

　　リスト5-2　「接続オブジェクト」のメソッド「execute」の引数にSQL文字列を渡す

```
dbconn.execute(create_table)
```

　一方、本章で「テーブル」のデータをすべて読み出す「SQL文」は、リスト5-3のようになります。

　　リスト5-3　「テーブル」のデータをすべて読み出すSQL文

```
select_all="SELECT * FROM items"
```

　この「SQL文」は、「カーソル・オブジェクト」である変数「cur」のメソッド「execute」に、リスト5-4のように渡します。

　　リスト5-4　「カーソル・オブジェクト」のメソッド「execute」の引数にSQL文を渡す

```
all_db_items = cur.execute(selectstr).fetchall()
```

　面倒臭いですね。
　そして、リスト5-1やリスト5-3の文字列の「スペルが間違って」いたり「一語抜け」たりしていると、Pythonの文法上は正しいのですが、「データベース」が「SQL文」を受け付けないので「実行エラー」になります。

　図5-2は、「SQL文」を「データベース」に発行する「Pythonプログラム」ですが、「SQL文」に「スペルミス」があった場合の悲劇の過程です。

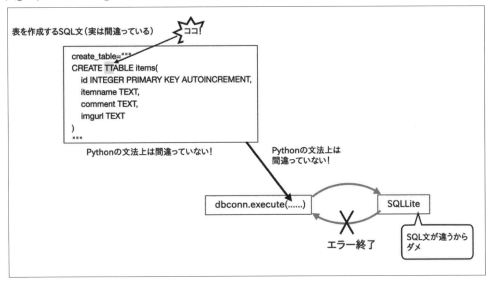

　　　図5-2　長い「SQL文」を、誤りなく作らないといけないのが現状

　「もっと効率的に書き、メソッド1個とかで、できないのか」と思いますが、この「SQL文」は「MySQL」や「PostgreSQL」「商用データベース」など、他のデータベースでも（ほぼ）共通ですし、PythonでもJavaでもこれらの文字列は使えます。

　そのため、あえて他のメソッドでラッピングすることなしに、「SQL文」をチマチマと書くプログラミングが伝わってきています。

＊

　以上、最後はやや気力をそぐ解説になったかもしれませんが、これから実際に「SQLite」を用いる「データベース・プログラミング」に挑戦しましょう。

5-2　　今回作るアプリケーションの概要

　今回作るアプリケーション「catalog」の概要を前もって掴んでおくと、あとの作業がしやすいと思います。

　これから実際に少しずつ作業していきますので、ザッと読んでおき、あとから「なぜこんな作業が必要なんだっけ」と思ったときにまた本節に戻ってみてください。

■作るアプリケーションの概要

●アプリケーション「catalog」

　アイテムの一覧や詳細を表示するとともに、それらの「アイテムデータ」の入力もできるようにしたアプリケーション「catalog」を作ります。

　できる操作は、図5-3のような流れです。

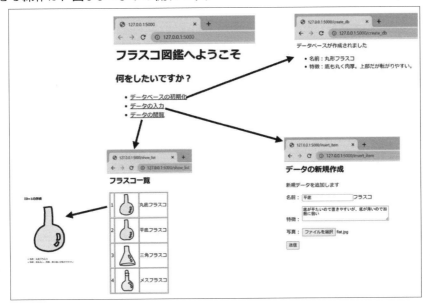

図5-3　今回作るアプリケーションの流れ

●ページを読み込むタイミングでデータベース操作

　図5-3に示すように、最初のページから「データベースの初期化」「データの入力」「データの閲覧」の3つのURLに移動します。

　「Flask」は本書執筆時の「バージョン2.2」でも、基本的に「同期」アプリで、ページが読み込まれるタイミングで関数が呼ばれ、作業が終わったらテンプレートをHTML文で結果を返します。

「非同期処理」を行なうには、JavaScriptなどと組み合わせますが、本書では「Flask」に集中することとして、「同期」のタイミングでデータベース操作も行ないます。

> ※「バージョン2.2」の「Flask」で「非同期プログラミング」を行なうためには、別途で「非同期用拡張モジュール」をインストールします。

●「データベース・ファイル」をアプリケーション・フォルダ内に置く

フォルダや「ファイル」はこれから作っていきますが、今から構造を"ザクッ"とつかんでおくといいでしょう。

図5-4のようになります。
特徴は、「SQLite」の「データベース・ファイル」を置く「dbフォルダ」を作るところです。
「データベース・ファイル」自体は、最初の接続時に自動で作られます。

スタイルシートで外観を整えるところまでは今回は行ないません。

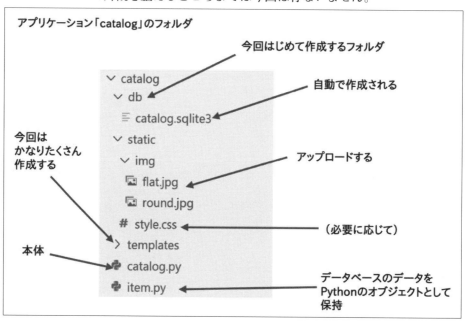

図5-4 これから作っていく「アプリケーション・フォルダ」の構造

●データベースのデータから「Pythonオブジェクト」を作る

Pythonのデータベース・モジュール「sqlite3」では、データベースの内容はリストかタプルで読み込まれます。

そのため、一行の各「列」のデータは、「dbitem[0], dbitem[1]...」のように、インデックスで取り出すことになります。
これではテンプレートに引数を渡すときなどに紛らわしいので、読み込んだ値から「Pythonクラス」のオブジェクトを作り、操作性を良くしようと思います。

＊

そのために、「Itemクラス」を定義します。
これが**リスト5-4**中のファイル「item.py」です。
データを記述するためだけの簡単な定義です。

＊

お待たせいたしました。
いよいよ、これからアプリケーションを作っていきましょう。

5-3 「データベース」を新規作成するページ

URL「/create_db」によって、「データベース」を作るための関数「create_db」が呼ばれるようにします。

■フォルダと「ファイル」の作成

●catalogフォルダ

新しいアプリケーションの「フォルダ」を作ります。

本書ではユーザーの「Documentsフォルダ」の中に「flaskフォルダ」を作り、VSCodeで、このフォルダを開いています。

そこで、「flaskフォルダ」の下に、「calatogフォルダ」、その下のフォルダや「ファイル」を作る作業は、VSCodeの「エクスプローラ」画面で行なえます。

●catalog.py

すでに**図5-4**でご覧いただきましたが、本体となる「Pythonスクリプトファイル」です。「catalogフォルダ」の中に作ります。

●templates/index.html

URL「/」が呼ばれたときに表示されるトップページです。

「catalogフォルダ」の中に、まず「templatesフォルダ」を作って、その中に「index.htmlファイル」を作ります。

●templates/db_created.html

URL「/create_db」が呼ばれたとき、まず「データベース」を作る作業を行ない、それが終わってから、「データベースが作成されました」または「データベースの作成に失敗しました」という結果を表示するためのテンプレートです。

そこで、テンプレートの名前を「作成された」ことを示す、「db_created」にしました。

●「static/imgフォルダ」と「round.jpgファイル」

データベースの作成時に、テスト・データとして画像を1つ置いておきます。

「catalogフォルダ」の中に「static」さらに「img」とフォルダを作り、そこに「丸底フラスコ」を示す、「round.jpg」の絵を置いておきます。

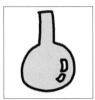

「round.jpgファイル」の例

●「db」フォルダ

「catalogフォルダ」の中に作ります。

アプリケーションの動作上必要というわけではないのですが、「Pythonスクリプトファイル」と区別するために、ここに「データベース・ファイル」を保存することにしました。

他の「ファイル」はまだ作る必要はありません。

■「catalog.py」への最初の記述

●ライブラリのインポート

「catalog.py」に最初に書くのはライブラリのインポートです。

最初に必要とするライブラリは**リスト5-5**の通りです。

Pythonの「sqlite3モジュール」をインポートしています。

リスト5-5 最初に書くライブラリのインポート

```
import sqlite3 #これが新しい
from flask import (Flask, render_template, url_for)
```

リスト5-5で「flaskモジュール」からのインポートに括弧をつけたのは、これからインポートするモジュールが増えていくことを考えてです。

括弧に入れておくと、「行」が長くなったとき、カンマで区切れます。

●SQL文-「テーブル」の作成

「catalog.py」の最初に、「テーブル」を作るための「SQL文」を文字列変数として定義し、変数「create_table」に渡します。

複数の関数から使えるように、どの関数の中にもない、外に書いておきます。

リスト5-6　「テーブル」を作るための「SQL文」を「文字列」として作成

```
create_table="""
CREATE TABLE items(
    id INTEGER PRIMARY KEY AUTOINCREMENT,
    itemname TEXT,
    comment TEXT,
    imgurl TEXT
)
"""
```

リスト5-6ではPython特有の文字列形式「二重引用符×3」のペアを用い、「改行」や「余白」も含めた文字列にしています。

*

新しいアプリケーションのフォルダを作ります。

「SQL文」では、「スペース」や「改行」は無視されるので、これで大丈夫です。

一方、コマンドを終わらせたい「強制改行」には、セミコロン「;」を用います。

リスト5-6は「items」という名前の「テーブル」を作ります。

「テーブル」は普通「複数形」の名前をつけます。

「テーブル」「items」には以下の列を置きます。

列　名	データ型	特　性	意　味
id	整数	プライマリキー。 1から始めて、行を追加するたびに「2,3...」と自動でつけられていく。	行を一意に識別する番号。 データを検索するとき通常はこれを使う
itemname	文字列	特になし	フラスコの名前。 フォームから入力した値をプログラミングで受け取る。
comment	文字列	特になし	フラスコの特徴を説明。 フォームからした値をプログラミングで受け取る。
imgurl	文字列	特になし	画像「ファイル」のURL。 プログラミングで決定する。

「データベース・ファイル」はバイナリで書かれるので、実際に「ファイル」を開いて見ることはできませんが、イメージとしては、**図5-5**のような「テーブル」の構造が記述されていると考えてください。

items			
id	**itemname**	**comment**	**imgurl**
1	"丸底"	"底が丸いので....."	round.jpgのURL
2	"平底"	"底が 平たいので....."	flat.jpgのURL
3	"三角"	"底に行くほど..."	triangle.jpgのURL
....	....	....	....

図5-5　リスト5-6で作り、データを入れて行くテーブル「items」のイメージ
このような「テーブル」が目に見えるわけではない。

●SQL文-同名テーブルが存在したら削除

テーブル作成時によく用いるのは、「前のテーブルが残っているならばいったん除去するSQL文」です。

すでに同名の「テーブル」が存在すると、「テーブル」が作れません。
リスト5-7はそのための「SQL文」で、変数「drop_table」に渡しています。

リスト5-7　同名「items」の「テーブル」がすでに存在していたら、削除する

```
drop_table="DROP TABLE IF EXISTS items"
```

リスト5-7には「IF EXISTS」という語が入っているので、初めて「テーブル」を作るときに発行しても、エラーにはなりません。

●SQL文-「テーブル」にデータを挿入

本節では、作成したテーブル「item」に「テスト・データ」を1件挿入してみます。

「挿入」というと、すでにデータが記入されている間に記入する特別な操作のような印象を受けますが、「SQL文」で「テーブル」にデータを追加することを等しく「INSERT」という命令で行なうため、相当する日本語を用いました。
＊
挿入するデータは1件ごとに異なるのですが、**リスト5-8**までは固定文字列で書けるので、変数「insert_str」に渡しておきます。

リスト5-8 「データ挿入」で共通に用いる「固定文字列」

```
insert_str="INSERT INTO items (itemname, comment, imgurl)\ #長いので改行
した
    VALUES (?,?,?)"
```

リスト5-8の最後の3つの「?」の部分に、それぞれ「itemname」「comment」「imgulr」に入れたい値を指定するようにプログラムを書きます。

「id」は自動作成にまかせます。

●SQL文-全データを読み込む

リスト5-9のように、テーブル「items」から全データを読み込む「SQL文」を文字列として変数「select_all」に渡します。

本節では、テスト・データが挿入されたかどうかを確認するのに用います。

リスト5-9 テーブル「items」から全データを読み込む「SQL文」

```
select_all="SELECT * FROM items"
```

以上が、本節で必要な「SQL文」の文字列です。

●Flaskアプリケーション・オブジェクト

「Flaskアプリケーション・オブジェクト」を作って変数に渡します。

これまで、アプリケーション「hello」では「app」に、アプリケーション「mypage」では「flsk」という変数に渡していましたが、今回はリスト5-10のように「dbapp」という変数に渡すことにします。

このような変数の名前はどのアプリケーションでも同じでかまわないのですが、混乱するといけないので、本書ではアプリケーションごとに別にしています。

リスト5-10 「Flaskオブジェクト」、今回の変数名は「dbapp」

```
dbapp = Flask(__name__)
```

■「catalog.py」での最後の記述

●URLで呼ばれない関数

前章まで、定義した関数はすべて、URLと関連付けられたデコレータ付きの関数で、Webページを記述するためのものでした。

しかし、URLと関係なく、作業だけ行なう関数も、もちろん書けます。

デコレータでURLとの関連を書かなければいいのです。

*

作業だけ行なう関数は、通常、ページを記述する関数のあとにまとめて置きます。
本節で必要な関数は、以下の2つです。

1つ目は、データベースに接続して接続オブジェクトを得る関数「get_db」です。

リスト5-11に、「dbフォルダ」にデータベース「ファイル」が作られる秘密があります。

リスト5-11　関数「get_db」

```
def get_db():
    dbconn =sqlite3.connect('db/catalog.sqlite3') #なければ新規作成される
    return dbconn #接続オブジェクト
```

「SQLite」では、このように指定した「ファイル」が存在しない最初のときは、新規作成してくれます。
　存在する場合は、そこに読み書きを行ないます。

　もう1つは、接続オブジェクトを終了する関数「close_db」です。
　1行だけの関数なので、本書のように簡単な操作でなくてもいいのですが、接続のための関数とペアで定義しました。

リスト5-12　関数「close_db」

```
def close_db(dbconn):
    dbconn.close()
```

*

これで、ようやく関数を書いていけます。

■関数「index」とテンプレート「index.html」

●テンプレートindex.html

作った「index.html」に、リスト5-13のように書いておきます。

リスト5-13　「index.html」

```
<h1>フラスコ図鑑へようこそ</h1>
<h2>何をしたいですか?</h2>
<ul>
    <li><a href="/create_db">データベースの初期化</a></li>
    <li><a href="/insert_item">データの入力</a></li>
    <li><a href="/show_list">データの閲覧</a></li>
</ul>
```

　リスト5-13では3ヶ所のURLへのリンクを作りますが、本節では「/create_db」だけ
が読めるようにします。

●関数「index」

「catalog.py」の**リスト5-10**と**リスト5-11**の間に、関数「index」を**リスト5-14**のように書きます。

この辺は、もうお昼寝しながらでも書けるかもしれませんね。

リスト5-14 関数「index」

```
@dbapp.route("/")
def index():
    return render_template("index.html")
```

今はまだWebアプリケーション「catalog」を起動する必要はありませんが、起動したときは**図5-6**のようになる予定です。

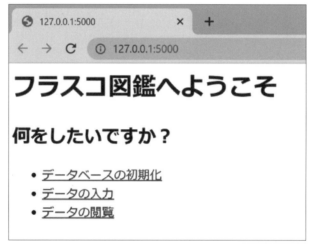

図5-6 最初のページは、このようになる

*

ここから「データベースの初期化」のリンクをクリックしたときに呼ばれる関数「create_db」を、次に説明します。

■「データベース」を作る関数と、作成結果を確かめるテンプレート

●関数「create_db」

この関数とテンプレートのペアは、まず関数から説明したほうが分かりやすいと思います。

*

関数「create_db」を**リスト5-14**の後に書きますが、いよいよ「データベース・プログラミング」なので少しずつ書いていきましょう。

手　順

[1]「接続オブジェクト」の取得

まず、リスト5-15のように、「接続オブジェクト」を得て変数「dbconn」に渡します。

リスト5-15　関数「create_db」の定義と「接続オブジェクト」の取得

```
@dbapp.route("/create_db")
def create_db():
    dbconn=get_db()
```

この変数「dbconn」は「接続オブジェクト」なので、「executeメソッド」が使えます。

[2]テーブル「items」の作成

まず、「テーブル」を作りますが、最初に、「もし同名のテーブルがあった場合は削除」の命令も発行します。

これらの命令は、それぞれ「dbconn」の「executeメソッド」の引数に、リスト5-6とリスト5-7のSQL文を渡します。

リスト5-16　「dbconn」の「executeメソッド」の引数に「SQL文」を渡す

```
dbconn.execute(drop_table) #まずテーブルがあったら削除して
dbconn.execute(create_table)
```

[3]テスト・データ挿入の命令

次に、「テスト・データ」を1件挿入します。
これは関数「create_db」内に直接値を書き込みます。

これも「dbconn」の「executeメソッド」ですが、固定文字列で、データの部分は3つの「?」をプレースホルダとして置いてある「insert_str」(リスト5-8)と、実際の3つのデータをタプルにして引数に渡します。
引数は、文字列とタプルの「2つ」を渡したことになります。

タプルにして渡す3つ目のデータは、すでに「static/img」フォルダに置いてあった画像「round.jpg」のURLを、関数「url_for」で取得した文字列です。

リスト5-17　「dbconn」の「executeメソッド」に、固定文字列とデータを渡す

```
dbconn.execute(insert_str,
        ('丸底',
        '底も丸い。肉厚。熱に強いが転がりやすい',
        url_for('static', filename='img/round.jpg')#3つのデータからなるタプル
)
```

[4]データ挿入の確定

ただし、「テーブル」へのデータの挿入は、「SQL」で「COMMIT」の命令を送ってはじめて確定します。

Pythonの「sqlite3モジュール」では、リスト5-18のように接続オブジェクト「dbconn」の「commitメソッド」でこれを行ないます。

リスト5-18　データ挿入の確定

```
dbconn.commit()
```

[5]作業の成功を確認

これらの作業が成功したかどうか確認するには、今挿入したデータを読み出してみます。

5-1節で説明したように、読み出すには接続オブジェクトからさらに「カーソル・オブジェクト」を得ます。

リスト5-19の通りです。

リスト5-19　「カーソル・オブジェクト」を得て変数「cur」に渡す

```
cur = dbconn.cursor()
```

「カーソル・オブジェクト」も、「executeメソッド」を呼びます。

以下のリスト5-20では、まずリスト5-9のSQL文「select_all」を引数に渡します。

この文字列の内容はテーブル「item」からすべての「行」を読み込む命令ですが、「executeメソッド」の戻り値からさらに「fetchone※メソッド」で、「どれか1つ」をタプルとして得ます。

> ※1つ取ってくる、の意味

リスト5-20　「カーソル・オブジェクト「cur」の「executeメソッド」と、
その戻り値に「fetchoneメソッド」

```
testdata = cur.execute(select_all).fetchone()
```

「fetchoneメソッド」は、あくまでも「どれか1つ」なので、複数のデータがある場合は何が出てくるか分かりませんが、今はデータが1つしかありません。

[6]「データベース接続」を終了

リスト5-20で変数「testdata」にはタプルが渡されましたから、データベース接続は終了してかまいません。

リスト5-21のように終了します。

リスト5-21　接続オブジェクトを終了

```
close_db(dbconn)
```

[7] 「testdata」をテンプレートに渡す

このように作業を終了したところで、テンプレート「db_created.html」にタプル「testdata」の内容を渡します。

＊

今までの作業も全部含めて、**リスト5-22**に示します。

リスト5-22　関数「create_db」まとめ

```python
@dbapp.route("/create_db")
def create_db():

    #接続オブジェクトの取得
    dbconn=get_db()

    #テーブルの作成
    dbconn.execute(drop_table)
    dbconn.execute(create_table)

    #テスト・データの挿入
    dbconn.execute(insert_str,
        ('丸底',
        '底も丸い。肉厚。熱に強いが転がりやすい',
        url_for('static', filename='img/round.jpg')
        )
    )
    #挿入を確定
    dbconn.commit()

    #カーソル・オブジェクトの取得
    cur = dbconn.cursor()

    #すべてのデータを読み込み、そのうちの 1つをタプルにして渡す
    testdata = cur.execute(select_all).fetchone()

    #接続を終了
    close_db(dbconn)

    #タプルをテンプレートに渡す
    return render_template ("/db_created.html", testdata=testdata)
```

●テンプレート「db_created.html」

テンプレート「db_created.html」では、値の入ったタプルが渡されたか渡されないかで、表示を変更します。

リスト5-23がその内容です。

リスト5-23　db_created.html

```
{%if testdata%}
<p>データベースが作られました</p>
<img src={{testdata[3]}}>
<ul>
    <li>名前:{{testdata[1]}}</li>
    <li>特徴:{{testdata[2]}}</li>
</ul>

{%else%}
<p>データベースの作成に失敗しました</p>
{%endif%}

<a href="/">トップページへ</a>
```

「testdata」が空でなければ、このタプルから値を取り出して表示します。
以下のような対応です。

```
testdata[0] idの整数値
testdata[1] itemnameの値
testdata[3] commentの値
testdata[3] imgurlの値
```

空であれば、ただ「データベースの作成に失敗しました」とだけ表示します。

■動作確認

●「ファイル」の保存

作ったファイル「category.py, index.html, db_created.html」を保存します。

●起動コマンド

VSCodeのターミナルから作業できます。
まず、フォルダ「catalog」まで移動します。

それから、**リスト5-24**のコマンドを打ちます。

リスト5-24　フォルダ「catalog」まで移動してから行なう

```
flask --app catalog run
```

●最初のページからリンクする

URLが「http://127.0.0.1:5000/」で表わされる最初のページから、「データベースの新規作成」のリンクをクリックして、URL「"/create_db"」に移動します。

図5-7のようにデータが表示されれば、成功です。

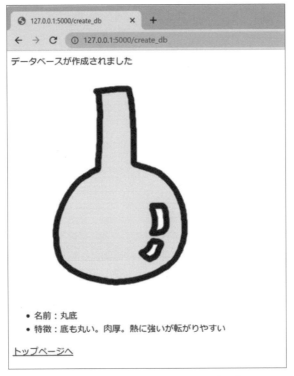

図5-7　めでたく表示された「データベース」のデータ

＊

ここまでで、ほとんど「データベース」の操作は行なったので、完成ということにしてもいいでしょう。

ですが、フォームからデータを受け取って「データベース」に挿入したり、複数のデータをHTMLの表で一覧できるようにしたり、ということもしてみたいと思います。

なお、「データベース」の操作には値の「書き換え」や「削除」の命令もありますが、「SQL文」をひたすら書く忍耐のみの作業になるので、本書では割愛します。

[Ctrl]+[C]でサーバを停止させ、編集を続けましょう。

第5章 「データベース」への接続

5-4 「データベース」のデータをPythonのオブジェクトに

「データベース」から読み込んだデータはタプルなので、インデックスで区別するのですが、コーディングが煩雑になります。

そこで、タプルのデータからPythonのオブジェクトを作り、フィールド名でデータを区別するようにします。

■「Itemクラス」を定義する

●ファイル「item.py」

図5-4に示したように、フォルダ「catalog」の中に「item.pyファイル」を作ります。
「catalog.pyファイル」と同列の位置になります。

この「ファイル」に、リスト5-25のようにクラス「Item」の定義を書きます。

リスト5-25 item.py

```python
class Item:
    def __init__(self, id, itemname, comment, imgurl):
        self.id=id
        self.itemname=itemname
        self.comment=comment
        self.imgurl=imgurl
```

●「catalog.py」でクラス「Item」をインポート

この「Itemクラス」を「catalog.py」でインポートします。
リスト5-5に続けて、リスト5-26のように記述します。

リスト5-26 「item.py」のクラス「Item」をインポート

```python
from item import Item
```

90

●タプルから「Itemオブジェクト」を作る関数

要素が4つあるタプル(順に「id」「itemname」「comment」「imgurl」列の値)から「Item オブジェクト」を作る関数「create_item_from_dbitem」を定義します。

関数「get_db」などと同じような場所に書きます。

リスト5-27の通りです。

リスト5-27 「データベース」から読み込んだタプルを用いて「Itemオブジェクト」を作成

```python
def create_item_from_dbitem(dbitem):
    return Item(dbitem[0], dbitem[1], dbitem[2], dbitem[3])
```

これで、「Itemオブジェクト」を「item」としたとき、「dbitem[0]」は「item.id」「dbitem[1]」は「item.itemname」のように分かりやすい名前で呼び出せます。

仕組みは図5-8の通りです。

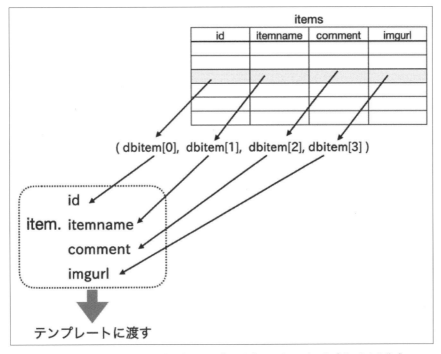

図5-8 「データベース」から読み出したタプルから「Itemクラス」のオブジェクトを作成

フォームから送信したデータを「データベース」に挿入

　フォームから送信したデータを受け取って「データベース」に挿入できるようにしましょう。

　できたかどうかを確かめるには、（受け取った入力値ではなく）一度挿入したデータを新たに読み出して表示します。

■「送信フォーム」と「送信結果」を一つの関数で表示

●一つの関数で二つのテンプレート

　関数「insert_item」では、「GET命令」ではテンプレート "insert_item.html" を用いて「送信フォーム」を表示し、「POST命令」では受け取ったデータを「データベース」に挿入して結果を表示するために別のテンプレート "data_interted.html" を表示するようにします。

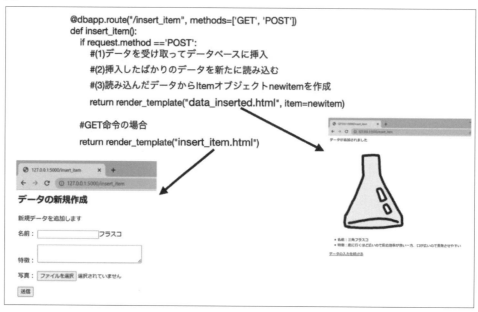

```
@dbapp.route("/insert_item", methods=['GET', 'POST'])
def insert_item():
    if request.method =='POST':
        #(1)データを受け取ってデータベースに挿入

        #(2)挿入したばかりのデータを新たに読み込む

        #(3)読み込んだデータからItemオブジェクトnewitemを作成

        return render_template("data_inserted.html", item=newitem)

    #GET命令の場合
    return render_template("insert_item.html")
```

図5-9　「GET命令」か「POST命令」かで異なるテンプレートを用いる

●「insert_item.html」の内容

　「insert_item.html」の内容が決まらないと関数「insert_item」も書けませんから、まず**リスト5-28**のように書きます。

　これは**第4章**で書いた方法と少し違うだけなので、問題ないと思います。

リスト5-28　insert_item.html

```html
<p>新規データを追加します</p>
<form action="/insert_item" method="post" enctype="multipart/form-
data">
    <p><label for = "itemname">名前:</label>
        <input name="itemname" id="like" size="20">フラスコ
    </p>
    <p><label for ="comment">特徴:</label>
    <textarea name="comment" id="comment"
    cols="40" rows="3"></textarea>
    </p>
    <p><label for ="photo">写真:</label>
    <input type="file" id="photo" name="photo"/>
    </p>
    <p><input type="submit" value="送信"></p>
</form>
```

　リスト5-28に基づき、図5-9に示した工程の(1)から実際にコードを書いていきましょう。

■データを受け取って「データベース」に挿入

●引数にデータを受け取って「テーブル」に挿入する関数

　URLに関係なくどこからでも呼び出せる関数に、データベース作業の部分を定義しておきます。リスト5-29の「insert_dbitem」です。

　まず、定義を見てください。
　「itemname」「comment」「imgurl」に相当する3つの引数を受け取ります。
　「imgurl」は引数に渡す前に取得してあるとします。

リスト5-29　「insert_dbitem」の定義部分

```python
def insert_dbitem(itemname, comment, imgurl):
```

　関数「insert_dbitem」では、関数「get_db」でデータベースへの「接続オブジェクト」を取得し、「insert_str」のSQL文字列でデータの「テーブル」への挿入を果たします。

　これまで地道に定義してきた「関数」や「文字列」が効を奏します。

リスト5-30　「insert_dbitem」で行なうテーブル挿入作業

```python
    dbconn=get_db()  #定義済みの関数
    dbconn.execute(insert_str,(itemname, comment, imgurl)) #定義済みの
SQL文字列
    dbconn.commit()
```

●いちばん新しいデータを読み出す

確認のために、挿入したデータを読み出します。

しかし、すでに他のデータが挿入済みの中で、今挿入したデータだけを読み出すにはどうすればいいでしょうか。

方法は複数ありますが、本書では、「いちばん新しいデータはいちばん『id』の値が大きい」という観点を用います。

では、いちばん「id」の値が大きいデータを選ぶにはどうするかというと、これも複数ありますが、**リスト5-31**のような「SQL文」を用いるのがスッキリしています。
意味は「全データを降順に並べて、最初の1つを取る」です。

リスト5-31　いちばん「id」の値が大きいデータを選ぶ文字列

```
select_newest = "SELECT * FROM items ORDER BY id DESC LIMIT 1"
```

リスト5-30は、せっかくなのでほかの「SQL文」と同様、すべての関数の外の最初の部分に集めておくといいと思います。

関数「insert_dbitem」で、**リスト5-32**のように用いてデータを読み込みます。

リスト5-32　「insert_dbitem」でいちばん「id」の値が大きいデータを選ぶ

```
cur=dbconn.cursor()
new_db_item=cur.execute(select_newest).fetchone()
close_db(dbconn)

return new_db_item
```

正確には「new_db_itemの各列の値」が「フォームから受け取ったデータ」に等しいことを確認すべきですが、コードが長くなるので省略します。

＊

以上、関数「insert_dbitem」をまとめると**リスト5-33**の通りです。
SQL文字列「select_maxid」や、ほかの記述との位置関係も示します。

リスト5-33　関数「insert_dbitem」と文字列「select_maxid」、他の記述との位置関係

```
....インポート文.....

#SQLのための固定文字列
drop_table="DROP TABLE IF EXISTS items"

.....

select_newest = "SELECT * FROM items ORDER BY id DESC LIMIT 1" #今回追加

#URLで呼ばれる関数
......
```

```
#URLと関係ない関数
def get_db():
    .....

def close_db(dbconn):
    .......

#ここに書く
def insert_dbitem(itemname, comment, imgurl):
    #データベース接続
    dbconn=get_db()

    #引数をテーブルに挿入
    dbconn.execute(insert_str,(itemname, comment, imgurl))
    dbconn.commit()

    #今挿入した値を読み込み直す
    cur=dbconn.cursor()
    new_db_item=cur.execute(select_newest).fetchone()

    #接続終了
    close_db(dbconn)

    #読み込み直したタプルを戻す
    return new_db_item
```

●「insert_dbitem」を「insert_item」で使う

まだ大物が残っています。

　URL「/insert_item」で呼ばれる関数「insert_item」で、リスト5-33の関数「insert_dbitem」を用います。

　ここまで定義したので簡単です。
　リスト5-34の通りです。

リスト5-34　真打ち登場、URLで呼ばれる関数「insert_item」

```
#インポートにrequestを加える
from flask import (Flask, render_template, url_for,
request)

.....

@dbapp.route("/insert_item", methods=['GET', 'POST'])
def insert_item():
    if request.method =='POST':
        file=request.files['photo']
```

```
    fname=file.filename
    file.save(f"static/img/{fname}") #ここまでは第4章でやった

    #保存したファイルのURLを取得
    file_url= url_for('static', filename=f"img/{fname}")

    new_dbitem = insert_dbitem(
        request.form['itemname'], request.form['comment'],
        file_url
    )

    #テーブルから読み込み直したタプルからItemオブジェクトを新規作成
    newitem = create_item_from_dbitem(new_dbitem)

    #Itemオブジェクトを引数に渡す。引数名はitem
    return render_template("data_inserted.html", item=newitem)

#GET命令時
return render_template("insert_item.html")
```

●「data_inserted.html」の内容

「data_inserted.html」では引数「item」を受け取り、まず「item.imgurl」を用いて画像を表示し、その下に「item.itemname」「item.comment」を表示します。

リスト5-35のとおりです。

タプルのインデックスで表わした**リスト5-21**と比較して、分かりやすくなったのではないでしょうか。

リスト5-35 「data_inserted.html」の内容

```
<p>データが追加されました</p>
<p></p><img src ="{{item.imgurl}}"><p>
<ul>
    <li>名前:{{item.itemname}}フラスコ</li>
    <li>特徴:{{item.comment}}</li>
</ul>
<a href="/insert_item">データの入力を続ける</a>
```

＊

「ファイル」をすべて保存し、Webアプリケーション「catalog」を再起動させてみましょう。

図5-10のような流れで操作できたら成功です。

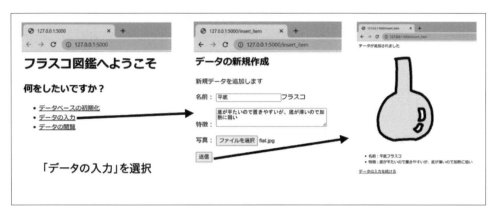

図5-10 「データベーステーブル」にフォームから送信されたデータを挿入するページの流れ

5-6 データの一覧を表示する

「データベース」にデータを保存する目的は、もちろん複数のデータを保持することです。

そこで、図5-10のようにして保存した複数のデータを一覧表示させてみましょう。

■関数「show_list」とテンプレート「show_list.html」

●「何をしたいですか？」の最後のリンク

図5-10の左端の図にあるように、トップページの「何をしたいですか？」の3つのリンクのうち最後の「データの閲覧」で移動するページを表示できるようにします。

そのために、「catalog.py」にURL「/show_list」で呼ばれる関数「show_list」と、テンプレート「show_list.html」を作ります。

●すべて選択する「SQL文」

「catalog.py」の最初に、「SQL文」を渡した文字列をまとめて定義したところがあります。

そこに、**リスト5-36**のような「SQL文」を文字列として変数「select_all」に渡します。

リスト5-36 SQL文字列「select_all」

```
select_all="SELECT * FROM items"
```

このSQL文字列は、このあと**リスト5-37**の関数「create_item_list」に示すように用いられ、最終的にメソッド「fetch_all」によって「『タプルにまとめられた行』のリスト」に渡されます。

メソッド「fetch_all」で「タプルのリスト」に渡される

```
all_db_items = cur.execute(select_all).fetchall()
```

●読み出したすべてのデータを「Itemオブジェクト」にする

リスト5-27で、「テーブル」から読み出した1件のデータから「Itemオブジェクト」を作る関数「create_db_item」を作りました。

これをすべての「テーブル」のデータについて行なって、「Itemオブジェクト」のリストを作って戻す関数、「create_item_list」を、**リスト5-37**のように作ります。

これは、URLに関係なく用いる関数です。

リスト5-37　関数「create_item_list」

```python
def create_item_list():
    #データベースに接続してテーブルの値をすべて読み込む
    dbconn=get_db()
    cur=dbconn.cursor()
    all_db_items = cur.execute(select_all).fetchall()

    #変数all_db_itemsに渡したのでデータベースは終了してよい
    close_db(dbconn)

    #Itemオブジェクトのリストを作成
    all_items=[]
    for dbitem in all_db_items:
        all_items.append(
            create_item_from_dbitem(dbitem)
        )

    return all_items
```

●関数「show_list」

リスト5-37の関数「create_item_list」を用いれば、URL「"show_list"」で呼ばれる関数「show_lislt」は、戻り値を「render_template」の引数「itemsに渡すだけなので、非常に簡単になります。

リスト5-38に示す通りです。

リスト5-38　関数「show_list」

```python
@dbapp.route("/show_list")
def show_list():

    return render_template("show_list.html", items=create_item_list())
```

●テンプレートshow_list.html

リスト5-38で渡された引数「items」の値を受け取ってHTML文中で表示します。

リスト5-39では、フィールド「comment」の値は横長になるので表示を指示していません。

リスト5-39　テンプレート「show_list.html」

```html
<h2>フラスコ一覧</h2>
<table border="1">
    {% for item in items%}
        <tr>
            <td>{{item.id}}</td>
            <td><img src="{{item.imgurl}}", height="80"></td>
```

```
            <td>{{item.itemname}}フラスコ</td>
        </tr>
    {%endfor%}
</table>

<p><a href="/insert_item">新規データの入力</a></p>
<p><a href="/">トップページへ</a></p>
```

「ファイル」をすべて保存し、Webアプリケーション「catalog」を再起動させてみましょう。

> ※備忘録として再掲すると、ターミナル上で[Ctrl]+[C]でサーバを停止し、「flask --app catalog run」とコマンドを打ちます。
>
> 直前のコマンドを自動挿入するには、カーソルの上方向キーを押します。

図5-11のような流れで操作できたら、成功です。

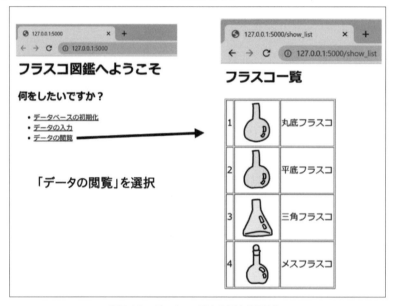

図5-11 データの一覧を表示させる流れ

5-7　　データの一覧から詳細へ

「データベースアプリ」の作成に向けて、いよいよ最後の仕事です。

データの一覧からどれか1つを選んでクリックすると、そのデータの詳細ページを表示できるようにします。

■やりたいこと

●「RESTful」なアプリケーションのお作法

「REST」とは、「REpresentational State Transfer」の略で、直訳は「表現された状態遷移」、意味は「今どういうページが表示されているかを分かるように表現する」です。

＊

その表現の方法のひとつが「URL」です。

この略語はもともと「Uniform Resource Locator」を示し、「Locator」というのはサーバやコンピュータなどの「場所（アドレス）」を意味しています。

しかし、今は「ルーティング（読みたいページへの道を示す）」をプログラミングで自由自在に行なえるため、実は「Locator」ではなく「Identifier」（識別値）を用いて「URI」と呼ぶべきとされていますが、あまり浸透していなさそうです。

この「実はURIと呼ぶべきURL」を用いて、今の「状態」を表わそうというのが「REST」の考え方の1つです。

今作っているアプリケーション「catalog」では、まず一覧を以下のURLで表わしました。

```
http://127.0.0.1:5000/show_list
```

「リストを示す」とURLに表わしたわけです。

このページからこんどは、たとえば以下のURLへ移動できるようにします。

```
http://127.0.0.1:5000/show_item/1
```

このURLによって、「アイテムの1番を表示する」というのが分かります。

この流れを図5-12に示します。

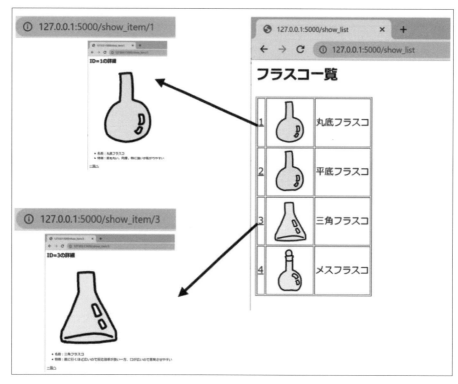

図5-12 一覧から詳細へ

●テンプレート「show_list.html」に加筆

図5-12のようにペーを遷移させるには、テンプレート「show_list.html」に、「/showitem/<id>」へのリンクが必要です。

そこで、リスト5-40のように{{item.id}}をリンク要素で挟みます。

リスト5-40 テンプレート「show_list.html」に加筆

```
<td><a href="show_item/{{item.id}}">{{item.id}}</a></td>
```

●SQL文「select_by_id」と関数「create_an_item」

URL「/show_item/<id>」によって呼ばれる関数「show_item」は、「id」を引数としてデータを1つ読み込む関数です。

そのために、まずリスト5-41のように、「id」の値でデータを検索するSQL文の固定文字列部分を、変数「¥select_by_id」に渡します。

リスト5-41 変数「select_by_id」にSQL文の固定文字列の部分を渡す

```
select_by_id=" SELECT * FROM items WHERE id=? "
```

次に、URLに関係ない関数「create_an_item」を書きます。

引数には**リスト5-41**で「id=?」と書かれた「?」にあてる「id」の値を渡します。

これで「データベース」から一行の値が1つのタプルに渡されるので、そこから1つの「Itemオブジェクト」を作って戻します。

最低限必要なのは**リスト5-42**です。

今回は、「id」に不適切な値が与えられたときの対処は省略します。

リスト5-42 関数「create_an_item」

```python
def create_an_item(id):
    dbconn=get_db()
    cur=dbconn.cursor()
    dbitem = cur.execute(select_one, id).fetchone()
    close_db(dbconn)

    return create_item_from_dbitem(dbitem)
```

●**関数「show_item」**

URL「show_item/<id>」で呼ばれる関数「show_item」は、**リスト5-43**のように簡単になります。

リスト5-43 関数「show_item」

```python
@dbapp.route("/show_item/<id>")
def show_item(id):
    return render_template("show_item.html",
        item=create_an_item(id))
```

●**テンプレート「show_item.html」と「data_inserted.html」**

[すでに似たファイルがある]

最後に、「show_item.html」を作れば**図5-12**の流れが完成しますが、**リスト5-35**に示したテンプレートファイル「data_inserted.html」を再掲するので、ちょっとご覧ください。

data_inserted.htmlの再掲

```html
<p>データが追加されました</p>

##ここが使える
<p></p><img src ="{{item.imgurl}}"><p>
<ul>
    <li>名前:{{item.itemname}}フラスコ</li>
```

103

```
    <li>特徴:{{item.comment}}</li>
</ul>

##ここまで使える
<a href="/insert_item">データの入力を続ける</a>
```

「show_item.html」には、「data_inserted.html」の内容がかなり使えることが分かります。

基本テンプレートは外側だけとは限りません。

中身だけ同じで、見出しやナビゲーションだけを変える方法もああります。

今回はその観点で、基本テンプレートを作ってみます。

[外側だけをカスタマイズする基本テンプレート]

以下のように作業しましょう。

「data_inserted.html」を複製して、「show_item_basic.html」という名前にします。

そして、その内容を以下の**リスト5-44**のように編集します。

リスト5-44　show_item_basic.html

```
<h2>{%block whatisit%}{%endblock%}</h2>
<p></p><img src ="{{item.imgurl}}"><p>
<ul>
    <li>名前:{{item.itemname}}フラスコ</li>
    <li>特徴:{{item.comment}}</li>
</ul>
{%block wheretogo%}{%endblock%}
<p><a href="/show_list">一覧へ</a></p>
<p><a href="/">トップページへ</a></p>
```

リスト5-44では、以下の部分に固有の「見出し」を入れます。

「whatisit」というブロックの名前は自由につけたもので、「何のページかをここに書き込む」という意味です。

```
<h2>{%block whatisit%}{%endblock%}</h2>
```

また、以下の部分に固有の「リンク」を入れます。

「wheretogo」というブロックで、「どこに行くのかをここに書き込む」という意味です。

```
{%block wheretogo%}{%endblock%}
```

この「show_item_basic.html」を元に、まずこれまでの「data_inserted.html」を**リスト5-45**のように編集します。

リスト5-45　リスト5-35の「data_inserted.html」を編集

```
{%extends 'show_item_basic.html' %}
{%block whatisit%}データが追加されました {%endblock%}

{%block wheretogo%}
<a href="/insert_item">データの入力を続ける</a>
{%endblock%}
```

そして、本命の「show_item.html」を、**リスト5-46**のように作ります。

リスト5-46　show_item.html

```
{%extends 'show_item_basic.html' %}
{%block whatisit%}ID={{item.id}}の詳細{%endblock%}
```

非常に簡単になりました。

リスト5-45と**リスト5-46**を比べると、データ入力の応答として現われる**リスト5-45**では基本テンプレートに加えて「データの入力を続ける」というリンクを記述しますが、データを表示するだけの**リスト5-46**では、テンプレートに書かれているリンクだけで充分であり、「wheretogo」のブロックは記述していません。

＊

お疲れさまでした。

「ファイル」をすべて保存し、Webアプリケーション「catalog」を再起動させてみましょう。

リスト5-12に限らず、すべてのページの流れを巡回してみてください。

本書で学ぶ「Flask」はここまでです。

「Flask 2.1」とそれより前のバージョンにおけるアプリケーション起動法

　本書ではWindows11上の「Flask2.2」を使っています。

　繰り返して記述したとおり、作ったアプリケーションを起動するには、ファイル「hello.py」について、以下のようにコマンドを打ちました。

```
flask --app hello run
```

　しかし、「Flask2.1」とそれより前のバージョンでは、「--appというオプションはない」というメッセージが出て、エラーになると思います。

＊

　Windows以外のOS、または他のPython開発環境で、「Flask」のバージョンが2.1とそれより前の場合でしか動かない場合は、以下のように打ってください。

Unix系のターミナルやWindowsのコマンドプロンプトの場合

```
export FLASK_APP=hello
export FLASK_ENV=development
flask run
```

Windows Powershellの場合

```
$env:FLASK_APP = "hello"
$env:FLASK_ENV = "development"

flask run
```

＊

　上記のコマンドはけっこう面倒ですが、環境設定のための2つのコマンドはターミナルを閉じなければ一度打つだけで有効になり、あとは「flask run」だけで起動します。

関連図書

アプリ制作、電子工作、機械学習……Pythonの活用法

初心者のためのPython活用術
■I/O編集部 編　■A5判128頁　■本体1,900円

「Python」はライブラリが豊富でできることが多く、活用しがいがあるプログラミング言語です。

しかし、それ故に初心者は「何をしたらいいか分からない」という状況に陥りがちです。

本書では、「Python」「どういう言語なのか」「何ができて何ができないのか」といった基礎的な点を解説します。

「機械学習プログラミング」が身近なものに!

パッと学ぶ「機械学習」
■清水 美樹　■A5判208頁　■本体2,300円

昨今のAIブームの中でも、「ディープ・ラーニング」や「ニューラル・ネットワーク」などは、コアな技術です。

しかし、一部の技術者を除いて、誰もが使えているわけではありません。「機械学習って何ができるのか」「勉強してみたけど、よく分からない…」など疑問をもった、「機械学習プログラミング」に挑戦してみたい方が、時間をかけずに「機械学習」をモノにするための入門書。

「iPhone」「iPad」でカンタンプログラミング!

Pythonista3入門
■大西　武　■A5判160頁　■本体2,300円

「Pythonista3」はパソコン上ではなくiPhoneやiPad上で動作する「Python」をプログラミングしたり実行したりできる有料の「IDE」統合開発環境)。

「パソコンをもっておらず、「iPhone」や「iPad」で「Python」をプログラミングしたい人」、あるいは「パソコンはあるけど「iPhone」や「iPad」でもプログラミングしたい人」のためのアプリ。

本書は「Pythonista3」の入門書で、iPhoneでも触りやすいように5〜29行のシンプルなコードを中心に進めていきます。

I/O BOOKS ライブラリ(「Scikit-learn」「Keras」)で簡単実装!

Pythonで学ぶ機械学習

■西住 流　■A5判192頁　■本体2,300円

　「機械学習」とは、人間が経験的に行なっているさまざまな学習活動を、コンピュータで実現するための技術。

　機械学習のさまざまなアルゴリズムの、「原理」と「計算式」や、「scikit-learn」「Keras」などのライブラリを使った実装を解説。

I/O BOOKS 覚えておきたいプログラミングの「目的」「カタチ」「ルール」

プログラム言語の掟

■I/O編集部 編　■A5判144頁　■本体2,300円

　「C」「Java」「Python」など、「プログラミング言語」は数多く存在しますが、それぞれの「特徴」や「適した目的」を覚えるのは大変です。

　入門的な話から、「マルチパラダイム」や「マークダウン」など、記述における「カタチ」や「ルール」などの"掟を解説。

I/O BOOKS 「家計」「仕事」…データ整理を自動化!

Python＆AIによるExcel自動化入門

■大西 武　■A5判208頁　■本体2,300円

　「Python」で「Excel」のファイルを編集するための基本を解説。

　そして、「AI」を使って、自然言語を「英語⇔日本語」に翻訳したり、レシートを「OCR」して家計簿を付けたり、ミニトマトの消費期限を予測したりします。

索 引

五十音順

[著者略歴]

清水　美樹 (しみず・みき)

技術系フリーライター。初心者用の解説本を得手とする。東京都で生まれ、
宮城県仙台市で育ち、東北大学大学院工学研究科博士課程修了。工学博士。
同学助手を 5 年間務める。当時の専門は、微粒子・コロイドなど実験中心で、
コンピュータやプログラミングはほぼ独習。技術系英書の翻訳も行なう。

[主な著書]

- ・Bottle 入門，工学社
- ・パッと学ぶ「機械学習」，工学社
- ・大人のための Scratch，工学社
- ・はじめての Play Framework，工学社
- ・はじめての Java フレームワーク，工学社
- ・Java ではじめる「ラムダ式」，工学社
- ・はじめての Kotlin プログラミング，工学社
- ・はじめての Angular4，工学社
- ・はじめての TypeScript 2，工学社
- ……他、多数執筆

質問に関して

本書の内容に関するご質問は、

① 返信用の切手を同封した手紙
② 往復はがき
③ FAX(03)5269-6031
　(ご自宅の FAX 番号を明記してください)
④ E-mail　editors@kohgakusha.co.jp

のいずれかで、工学社編集部あてにお願いします。
なお、電話によるお問い合わせはご遠慮ください。

サポートページは下記にあります。

[工学社サイト]
http://www.kohgakusha.co.jp/

I/O BOOKS

Python の「マイクロ・フレームワーク」「Flask」入門

2022 年 11 月 30 日　初版発行　ⓒ 2022

著　者　　清水　美樹
発行人　　星　正明
発行所　　株式会社工学社
〒 160-0004 東京都新宿区四谷 4-28-20　2F
電話　　　(03)5269-2041 (代) [営業]
　　　　　(03)5269-6041 (代) [編集]
振替口座　00150-6-22510

※定価はカバーに表示してあります。

[印刷] シナノ印刷 (株)

ISBN978-4-7775-2227-9